Das bietet Ihnen die CD-ROM

- **60 deutsche und englische Musterzeugnisse**

  Alle Zeugnismuster zu verschiedenen Positionen und Branchen können Sie einfach per Mausklick in Ihre Textverarbeitung übernehmen (vollständige Übersicht ab Seite 6).

- **über 200 Textbausteine**

  Für alle Zeugnisinhalte finden Sie Textbausteine, die nach Kompetenzkriterien und Bewertung sortiert sind (Übersicht ab Seite 5).

- **Checkliste zum Aufbau eines Arbeitszeugnisses**

  Mit dieser Checkliste können Sie genau prüfen, ob das Arbeitszeugnis alle wichtigen Punkte enthält.

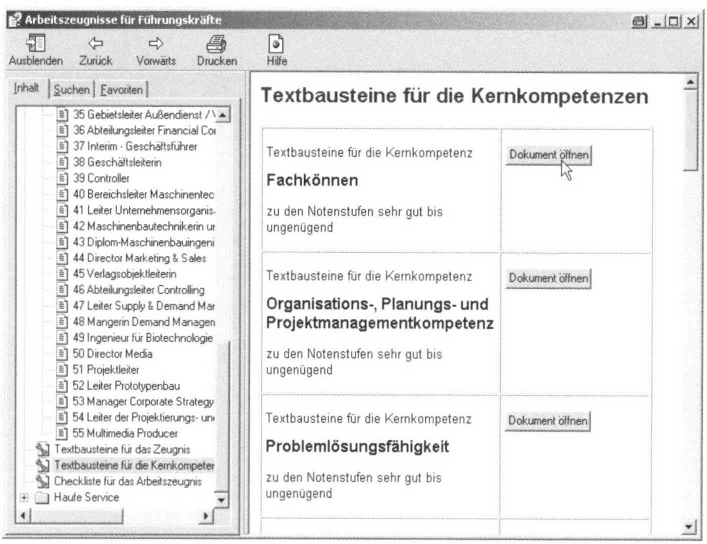

Bibliographische Information Der Deutschen Bibliothek

Die Deutsche Bibliothek verzeichnet diese Publikation in der Deutschen Nationalbibliographie; detaillierte bibliographische Daten sind im Internet über http://dnb.ddb.de abrufbar.

ISBN 3-448-07406-3
ab 1.1.2007: 978-3-448-07406-2

Bestell-Nr. 04043-0003

Zweigniederlassung Planegg bei München
Redaktionsanschrift: Postfach, 82142 Planegg
Hausanschrift: Fraunhoferstraße 5, 82152 Planegg
Telefon (089) 8 95 17-0
Telefax (089) 8 95 17-2 50
www.haufe.de
online@haufe.de

Lektorat: Ulrich Leinz

Redaktion und DTP: Peter Böke, 10961 Berlin
Umschlag: HERMANNKIENLE, 70199 Stuttgart
Druck: Bosch-Druck GmbH, 84030 Ergolding

Zur Herstellung dieses Buches wurde alterungsbeständiges Papier verwendet.

Arbeitszeugnisse für Führungskräfte

qualifiziert gestalten und bewerten

Dr. Thorsten Knobbe
Dr. Mario Leis
Dr. Karsten Umnuß

Haufe Mediengruppe
Freiburg · München · Berlin · Würzburg

Inhaltsverzeichnis

Vorwort

Zeugnisse sind Weichensteller – insbesondere in Zeiten schlechter Konjunktur. Ein Stück Papier entscheidet über beruflichen Auf- oder Abstieg, über Chancen und Risiken. Zeugnisse können Karrieresprungbrett und Türöffner sein – aber auch Stolpersteine, die uns schlimmstenfalls ein ganzes Arbeitsleben lang nicht vorankommen lassen.

Wenn Zeugnisse so mächtig sind, dann müssen alle, die mit ihnen zu tun haben, sorgfältig mit ihnen umgehen! Das gilt für Arbeitgeber und Personaler, die ein Zeugnis formulieren ebenso wie für die Mitarbeiter, die ihr Zeugnis interpretieren müssen.

Gerade bei Arbeitszeugnissen von Führungskräften sind eine Menge formaler und inhaltlicher Aspekte zu beachten. Diese Zeugnisse behandeln Fachkenntnisse, Verhalten und Führungsqualitäten eines Managers – es gibt also eine Menge „Gelegenheiten" Fehler zu machen.

Wir erklären Zeugnisausstellern, worauf sie achten müssen, damit sie auf der sicheren Seite sind. Und wir erläutern Zeugnisempfängern, wie sie ihr Zeugnis richtig lesen bzw. welche Ansprüche sie geltend machen können. Für alle, die ihre Rechte und Pflichten ganz genau kennen wollen, haben wir wichtige Regelungen des Gesetzgebers aufgeführt. Natürlich fehlen auch zahlreiche Textbausteine und Musterzeugnisse nicht (die Sie auch auf der CD-ROM finden). So können Sie Zeugnisse schnell, sicher und einfach erstellen bzw. interpretieren.

Wir weisen darauf hin, dass sämtliche in den Musterzeugnissen enthaltenen Namen, Daten und Fakten frei erfunden und jegliche Ähnlichkeiten mit lebenden Personen oder tatsächlichen Gegebenheiten zufällig sind.

Viel Spaß beim Lesen wünschen Ihnen

Dr. Thorsten Knobbe,
Dr. Mario Leis und *Dr. Karsten Umnuß*

10 populäre Irrtümer in Sachen Arbeitszeugnis

Irrtum Nr. 1: Fachabteilungsleiter tun sich mit dem Zeugnisschreiben schwer

In einigen Unternehmen erstellt nicht der Personaler, sondern der direkte Vorgesetzte, meist der Fachabteilungsleiter, das Arbeitszeugnis. Viele Zeugnisempfänger reagieren darauf skeptisch, weil sie denken, der Vorgesetzte kenne sich mit der Zeugnissprache weniger gut aus als der Personalreferent. Das muss jedoch nicht so sein, schon weil mancher Vorgesetzte, der seinen Mitarbeiter wirklich schätzt, sich aktuell in die Thematik einarbeiten und das Zeugnis entsprechend hochwertig ausgestalten wird.
Zum Vorteil kann noch ein weiterer Grund gereichen: Oft verwenden Fachabteilungsleiter modernere, individuellere und sogar treffendere Formulierungen. Einerseits nämlich kennen sie den Beurteilten besser als der zuständige Referent aus der Personalabteilung, andererseits gehen sie oft unvoreingenommener an die Zeugniserstellung heran. Daher klingen ihre Zeugnisse nicht selten frischer und moderner, wenn auch in Teilen markant unkonventionell: Man sieht es dem Zeugnis an, dass es nicht aus der Konserve kommt.

Irrtum Nr. 2: Zeugnisse sind eindeutig

Wer meint, dass allein durch die Anwendung der Zeugnissprache und den daraus resultierenden Formulierungen ein Zeugnis eindeutig ist, irrt. Zeugnisse sind nicht eindeutig interpretierbar.
Zeugnisse werden immer im Zusammenhang interpretiert, wodurch sich, je nach Situation, unterschiedliche Bewertungen ergeben können. Einen Konsens wird man wahrscheinlich recht schnell bei den jeweiligen Kernsätzen der Beurteilung, also bei der zusammenfassenden Leistungs- und Führungsbeurteilung sowie der Schlussfor-

mel erzielen. Dieser Konsens dürfte schon deshalb leicht zu erzielen sein, weil die Kernsätze justiziabel, also einer Notenstufe zuzuordnen sind.

Irrtum Nr. 3: Die Tätigkeitsbeschreibung ist das Wichtigste

Ein oft beobachtetes Phänomen in Zeugnissen ist die starke quantitative Überbetonung der Tätigkeitsbeschreibung des Beurteilten. Während die Tätigkeitsbeurteilung bis zu ¾ des Zeugnisses einnimmt, fallen Leistungs- und Verhaltensbeurteilung dagegen deutlich ab. Dies suggeriert eine Wichtigkeit der Tätigkeitsbeschreibung, die in Wirklichkeit nicht gegeben ist.

Scheinbare Objektivität

Die Ursache liegt wahrscheinlich darin, dass die Tätigkeitsbeschreibung vergleichsweise objektiv dokumentiert werden kann, die Leistungs- und Verhaltensbeurteilung jedoch subjektiv und in vielen Zeugnissen ausfällt. Daher legen viele Zeugnisleser großen Wert auf die Tätigkeitsbeschreibung, weil sie dem Rest nicht so ganz glauben – die Tätigkeit an sich ist eben immer Fakt. Diese Haltung ist natürlich nachvollziehbar, denn auch in vielen Führungspositionen wird noch ein gewisses Maß an Fachkenntnis und vor allem Erfahrung verlangt, die in der Tat am neutralsten an der Tätigkeitsbeschreibung ablesen lässt. Das Problem ist: Anhand der Tätigkeitsbeschreibung kann man sich längst kein Bild von der Persönlichkeit eines Bewerbers machen. Dieses Gesamtbild entsteht erst im Zusammenspiel mit anderen Faktoren, z.B. den sozialen Kompetenzen.

Irrtum Nr. 4: Ein gutes Zeugnis garantiert die Karriere

Leider ist ein gutes bis hervorragendes Zeugnis noch keine Garantie für den beruflichen Aufstieg, sondern nur die Voraussetzung. Zwar schenken in Deutschland viele Personalentscheider dem Arbeitszeugnis eine hohe Aufmerksamkeit, allerdings zählt nach wie vor der persönliche Eindruck des Bewerbers.

Man kann die Gegebenheiten eher so verstehen, dass in Deutschland ohne ein gutes bis sehr gutes Zeugnis eine erfolgreiche Karriere nur schwer möglich ist. Personaler wie Headhunter setzen einfach voraus, dass das Zeugnis eines karriereorientierten Bewerbers ein gewisses Niveau und mindestens eine Note im Bereich von ‚gut' dokumentiert. Dann werden die weiteren Schritte im Bewerbungsverfahren eingeleitet.

Irrtum Nr. 5: Es gibt *das* gute Zeugnis

Diese Ansicht wird von vielen hoffnungsvollen Zeugnisempfängern getragen, die ein wasserdichtes Zeugnis erwarten. Hier gilt: Ein Zeugnis ist in seinen Beurteilungskernsätzen justiziabel und daher eindeutig als gut oder schlecht interpretierbar. Die angelagerten Formulierungen sind hingegen nicht unbedingt eindeutig als gut oder schlecht bewertbar. Wenn ein Zeugnis beispielsweise in jedem Beurteilungssatz nur superlativische Aussagen beinhaltet, so klingt es für viele Zeugnisleser übertrieben und keinesfalls mehr positiv, es wird also sogar das Gegenteil erreicht.

Auch in der Länge und anteiligen Länge der einzelnen Bestandteile (z.B. der Tätigkeitsbeurteilung und der Leistungsbeurteilung) kann ein Zeugnis variieren, ohne dass eine Variante zwingend die beste sein muss.

Ob ein Zeugnis gut oder schlecht beurteilt wird, hängt zum Teil von der Willkür des Zeugnislesers ab.

Viele, insbesondere große Unternehmen haben zudem ihre eigenen Gepflogenheiten, was sie unter gut oder schlecht verstehen. Die Bandbreite reicht hier von bestimmten zu erwähnenden Kernkompetenzen des Zeugnisempfängers bis hin zu formalen Aspekten wie der Länge des Zeugnisses.

Irrtum Nr. 6: Personaler schreiben die besseren Zeugnisse

Unbestritten ist, dass Personaler die meiste Erfahrung im Umgang mit Arbeitszeugnissen haben, und zwar sowohl was die Erstellung, als auch was das Lesen und die Interpretation betrifft. Leider lässt sich daraus nicht ableiten, dass Personaler automatisch Arbeitszeugnisse auch wirklich gut erstellen können.

Arbeitszeugnisse zu schreiben gehört nicht zu den Lieblingsaufgaben der Personaler.

Für viele Personaler dürfte das Thema Arbeitszeugnis ebenso unbeliebt sein wie für die meisten anderen Zeugnisaussteller auch, schon allein wegen der komplizierten und nur noch für einen ausgewiesenen Spezialisten durchschaubaren Zeugnissprache.
Daher behelfen sich viele Personaler, indem sie alte Zeugnisse als Vorlage nehmen und individuell abwandeln. So sparen sie Zeit, scheinbar unnötigen Aufwand und vor allem wähnen sie sich in der Sicherheit, ein Zeugnis zu erstellen, bei dem erfahrungsgemäß keine Unannehmlichkeiten zu erwarten sind. Leider sind die so entstandenen Zeugnisse keinesfalls unbedingt besser als ein ‚frisch' erstelltes Exemplar, schließlich reproduziert sich so das Konventionelle. Den eintretenden Effekt könnte man auch als Aufwertung der Mittelmäßigkeit hin zum Standard bezeichnen. Noch heute findet man deshalb in vielen Zeugnissen vergleichsweise altbackene Formulierungen, die eigentlich überholt sind. Da sich jedoch kaum ein Personaler sozusagen ‚traut' oder genügend Energie darauf verwendet, die alten Strukturen aufzubrechen, dupliziert sich die Mittelmäßigkeit mit jedem abgeschrieben Zeugnis.

Irrtum Nr. 7: Zeugnisse lesen nur Personaler

In bisher praktisch jedem Ratgeber über Arbeitszeugnisse wird hauptsächlich auf Personalleiter oder Personalreferenten, salopp auch „Personaler", als Zeugnisleser eingegangen. Man beschreibt deren berüchtigtes Gefühl für die Zeugnissprache und suggeriert dem Zeugnisempfänger, dass er mit dem Zeugnis vor allem den Personalern gefallen muss. Dies stimmt in der Regel jedoch nur sehr bedingt, da es noch mindestens zwei weitere wichtige Gruppen von Zeugnislesern gibt.

Fachabteilungsleiter interessiert vor allem die Berufserfahrung.

Zunächst einmal sind die Fachabteilungsleiter zu nennen, die bei manchen Unternehmen ein gewichtiges Wörtchen bei der Einstellung von Bewerbern mitzureden haben. Wenn ein Fachabteilungsleiter das Zeugnis liest, kann dies für eine Bewerbung durchaus von Vorteil sein, denn nach unserer Erfahrung kennt sich der Fachabteilungsleiter nicht so gut mit der Zeugnissprache aus wie ein Personaler.

Der Fachabteilungsleiter wird eher Gewicht auf die formale Qualifikation und die im Zeugnis dokumentierte Berufserfahrung legen als auf den notorischen Passus von der „vollsten Zufriedenheit“ oder sonstige eventuell kodierte Aussagen. Daher sollte das gutes Arbeitszeugnis eines Managers eine ausführliche Beschreibung seines Tätigkeitsbereiches und seiner Kompetenzen enthalten. Freilich sollte diese Beschreibung auch nicht ausufern, denn dazu gibt es ja die Bewerbungsmappe, der man z.B. eine feindetaillierte Projektliste beilegen kann. Insgesamt sollte aus dem Zeugnis klar hervorgehen, ob sich eine Führungskraft fachlich und von ihrer Führungserfahrung her für die fragliche Position eignet.
Doch es gibt noch eine zweite Gruppe von Zeugnislesern, die man gerne vergisst, vielleicht weil viele von ihnen eher im Verborgenen arbeiten. Die Rede ist von Personalberatern, auch „Headhunter“ genannt. Diese Spezies von Personaldienstleistern sorgt oft für die schnelle und diskrete Besetzung vakant gewordener Führungspositionen in einem Unternehmen. Ein Personalberater, gleich wie er zu einem Kandidaten gefunden hat, wird vor einer persönlichen Einladung zum Interview die schriftlichen Unterlagen des Kandidaten prüfen. Dabei spielt in Deutschland – abgesehen von Toppositionen – natürlich auch das Arbeitszeugnis eine Rolle, insbesondere dann, wenn mehrere Kandidaten für eine Position zur Auswahl stehen, das Angebot also groß ist.

Headhunter zeigen sich von „schönen" Zeugnissen wenig beeindruckt.

Personalberater lesen Zeugnisse nach unserer Erfahrung vor allem ‚ex negativo', d.h. sie prüfen das Gesamtbild. Ist dieses nicht stimmig, so geht man im persönlichen Gespräch darauf ein und prüft die Unstimmigkeiten. Stimmt das Gesamtbild, so bedürfen Zeugnis und Kandidat diesbezüglich normalerweise keiner weiteren Analyse. Pluspunkte sammelt man mit einem extrem positiven Zeugnis bei Personalberatern übrigens kaum, denn meistens gehen sie ohnehin davon aus, dass ein Zeugnis geschönt wurde. Ebenso geht man über gewisse Unebenheiten, die erkennbar von einem ungeschickten Zeugnisaussteller herrühren, großzügig hinweg – der persönliche Auftritt im Interview muss überzeugen.

Irrtum Nr. 8: „Stets zur vollsten Zufriedenheit" darf nicht fehlen

Dieser Passus ist der wohl bekannteste des ganzen Zeugniswesens. Er bildet in vielen Zeugnissen den Kernsatz der Leistungsbeurteilung und dokumentiert die Note ‚sehr gut'. Allerdings stoßen sich viele Zeugnisempfänger wie -aussteller an dem Wort „vollste(n)", da es sich hier streng genommen um grammatikalisch falsches Deutsch handelt.

„Voll" lässt sich nicht steigern!

Wie gut, dass es jede Menge alternativer Formulierungen gibt, um die Note „sehr gut" auszudrücken. Hier einige Vorschläge:

- „Wir waren mit den Leistungen jederzeit außerordentlich zufrieden."
- „Seine/Ihre Leistungen haben jederzeit und in jeder Hinsicht unsere volle Anerkennung gefunden."
- „Wir waren mit den Leistungen stets in jeder Hinsicht außerordentlich zufrieden."

Diese Alternativen sind den Personalern übrigens nicht unbekannt, sie sind lediglich einer breiteren Öffentlichkeit nicht so recht geläufig. Man kann sich zwar denken, dass mit diesen Formulierungen eine sehr gute Leistung beschrieben wird, aber man kommt von selber nicht darauf, sie im eigenen Zeugnisentwurf einzusetzen.

Irrtum Nr. 9: Kein Zeugnis sei länger als zwei Seiten

In vielen Ratgebern ist zu lesen, dass ein Zeugnis nicht länger als maximal zwei Seiten sein soll. Der Richtwert an sich ist zwar durchaus sinnvoll, allerdings missachtet er spezielle Fälle, die insbesondere bei Fach- und Führungskräften zum Tragen kommen. Es kann durchaus passieren, dass etwa ein Geschäftsführer ein mehrjähriges, sehr umfangreiches Verantwortungs- und Aufgabengebiet innehatte. Hinzu kommen womöglich noch andere zu dokumentierende Positionen und Aufgaben im gleichen Unternehmen oder Konzern vor der Aufnahme der Geschäftsführertätigkeit.

Nun stellt sich die Frage, ob man alle Aufgaben und Verantwortlichkeiten wirklich auf zwei Seiten zusammenkürzen sollte. Wir meinen: nein. Eine umfangreiche Leistung sollte auch angemessen gewürdigt werden. Allerdings darf ein Zeugnis nicht ausufern. Der maximale Umfang beträgt nach unserer Ansicht vier Seiten, wobei die Schriftgröße etwa bei Arial 11 bis 12 liegen und auf allen Bögen das offizielle Firmenpapier verwendet werden sollte.

Irrtum Nr. 10: Der Kunde wird zuerst genannt

Nicht selten liest man bei Verhaltensbeurteilungen von Beschäftigten aus dem Bankwesen die folgende Formulierung: „Sein Verhalten gegenüber Kunden, Vorgesetzten und Kollegen war stets einwandfrei". Während „stets einwandfrei" auf eine Note im Bereich zwischen ‚sehr gut' und ‚gut' hinweist und daher unproblematisch ist, erregt die Nennung der Kunden vor den Vorgesetzten und Mitarbeitern die Aufmerksamkeit der geübten Zeugnisleser. Soll hier etwa auf Schwierigkeiten des Beurteilten im Verhältnis zu seinen internen Ansprechpartnern hingewiesen werden?

Aus Sicht des Unternehmens macht diese Reihenfolge zunächst Sinn. Dienstleistungsunternehmen wie Banken, Versicherungen oder Beratungsgesellschaften haben sich die Kundenorientierung als einen obersten Geschäftsgrundsatz auf die Fahnen geschrieben. Da liegt es nahe, das Verhalten gegenüber Kunden auch in der Mitarbeiterbeurteilung, also eben auch im Arbeitszeugnis, zu betonen. Gerade im Arbeitszeugnis jedoch gibt es Probleme. Hier muss die oben genannte Reihenfolge eingehalten werden.

Kundenorientierung bedeutet nicht, dass Kunden zuerst im Zeugnis genannt werden.

Der Grund für diese Regelung ist einfach: Jegliches Verhalten gegenüber Kunden erfolgt im Einklang und in Abstimmung mit dem Vorgesetzten, daher muss auch in Zeugnissen sehr kundenorientierter Unternehmen der Vorgesetzte in der Verhaltensbeurteilung an erster Stelle aller aufgezählten Ansprechpartner stehen.

1 Was Sie als Zeugnisaussteller wissen müssen

1 Zeugnisentwurf vom Mitarbeiter?

Die Zeugniserstellung ist Sache des Arbeitgebers, der dafür natürlich professionelle Hilfe in Anspruch nehmen kann.

Es kommt immer häufiger vor, dass ausscheidende Mitarbeiter ihre Wünsche für die Zeugniserstellung an den Arbeitgeber herantragen und sogar einen vollständigen Zeugnisentwurf vorlegen. Viele Arbeitgeber begrüßen diesen Trend, weil ihnen hierdurch einige Arbeit erspart bleibt. Dem Arbeitgeber ist es jedoch nicht erlaubt, von einem ausscheidenden Mitarbeiter einen Zeugnisentwurf einzufordern. Umgekehrt ist der Arbeitgeber nicht verpflichtet, dem Zeugnisentwurf des Mitarbeiters zu folgen oder sich mit ihm detailliert dazu auseinander zu setzen.

Das sagt der Gesetzgeber

Der Arbeitgeber hat nach § 630 BGB, § 109 GewO dem Mitarbeiter bei Beendigung des Anstellungsverhältnisses ein Zeugnis über Art und Dauer des Arbeitsverhältnisses zu erteilen. Auf Verlangen des Mitarbeiters muss sich das Zeugnis auch auf Führung und Leistung erstrecken. Da die gesetzlichen Regelungen hier einen Anspruch des Mitarbeiters gegen den Arbeitgeber auf Erteilung eines Zeugnisses vorsehen, kann der Arbeitgeber nicht von seinem ausscheidenden Mitarbeiter den Entwurf eines Zeugnisses einfordern.

Eines sollten sich Chefs und Personaler auch klar machen: Wenn sie die Zeugniserstellung dem Mitarbeiter überlassen, spiegelt sich darin natürlich seine Sichtweise wider und die Themen werden oft zu umfangreich dargestellt oder falsch gewichtet. Möglicherweise treten zu einem späteren Zeitpunkt dann noch Probleme auf, beispielsweise weil nachfolgende Arbeitgeber bestimmte Punkte vermissen. Dann müssen Sie sich doch noch einmal mit dem Zeugnis befassen.

Besprechen Sie Ihren Entwurf gemeinsam!

Zeugnisstreitigkeiten bzw. der nochmaligen Ausstellung eines Zeugnisses wegen kleinerer Korrekturen können Sie so vorbeugen. Eventuelle Missverständnisse oder Unstimmigkeiten lassen sich auf diesem Wege schnell und einfach ausräumen.

Der Arbeitgeber sollte also darauf achten, dass das Zeugnis alle wesentlichen Tatsachen und Bewertungen enthält, die für die Beurteilung des Mitarbeiters von Bedeutung und für einen zukünftigen Arbeitgeber von Interesse sind. Hier steht dem Arbeitgeber ein gewisser Beurteilungsspielraum zu, welche positiven und negativen Leistungen und Eigenschaften des Mitarbeiters er eher betont oder vernachlässigt. Als Maßstab wird dabei von der Rechtsprechung der eines wohlwollenden verständigen Arbeitgebers zugrunde gelegt, der seiner Bewertung Tatsachen, nicht aber Vermutungen oder Verdächtigungen zugrunde legt. Dieser (sehr abstrakt) formulierte Maßstab der Rechtsprechung eröffnet für die Zeugniserteilung im konkreten Fall ein weites Feld.

2 Mitarbeiter freigestellt? Was für ein Zeugnis erhält er?

Häufig werden Führungskräfte – sobald sie gekündigt haben oder gekündigt werden – freigestellt, um zu verhindern, dass sie brisante Informationen erhalten, die die Konkurrenz interessieren könnten. Aber was für ein Zeugnis erhält dann eine freigestellte Führungskraft? Schließlich besteht ja noch das alte Arbeitsverhältnis. Dazu müssen Sie wissen, dass es zwei Zeugnisarten gibt:

Zwei Zeugnisarten

- Das Zwischenzeugnis ist eine Beurteilung des Mitarbeiters bei fortbestehendem Anstellungsverhältnis.
- Das Schlusszeugnis bzw. Endzeugnis wird für den Fall des Ausscheidens aus dem Anstellungsverhältnis erstellt. Für beide Zeugnisse gelten im Wesentlichen die gleichen Grundsätze hinsichtlich Form und Inhalt.

Nach Ausspruch einer Kündigung ist der Arbeitgeber während der Kündigungsfrist verpflichtet, dem Mitarbeiter auf Wunsch ein Zwi-

schenzeugnis zu erteilen. Wahlweise kann vom Mitarbeiter statt eines Zwischenzeugnisses bereits das Endzeugnis verlangt werden, da der Zeitpunkt der Beendigung des Anstellungsverhältnisses bereits feststeht.
Als Arbeitgeber aber haben Sie das Recht, ein vor Beendigung des Anstellungsverhältnisses ausgestelltes Endzeugnis als „vorläufiges Zeugnis“ zu kennzeichnen. Dann muss allerdings zum Beendigungszeitpunkt das vorläufige Zeugnis gegen das Endzeugnis ausgetauscht werden. Wichtig ist nur, dass Bewertungen, die im Zwischen- und im Endzeugnis gemacht wurden, übereinstimmen.

Das sagt die Rechtsprechung

Es tritt grundsätzlich eine Selbstbindung des Arbeitgebers an das von ihm erteilte Zwischenzeugnis ein (vgl. LAG Hamm, Urteil v. 28.8.1997, 4 Sa 1926/96, NZA-RR 1998, 490). Bescheinigt der Arbeitgeber beispielsweise im Zwischenzeugnis, dass er den Mitarbeiter als „fleißigen, ehrlichen und gewissenhaften Mitarbeiter kennen gelernt" hat, so muss sich der Arbeitgeber für das Endzeugnis an dieser Formulierung festhalten lassen. Nur nach einem längerem Zeitablauf, der nach der Rechtsprechung mindestens 10 bis 12 Monate beträgt, kann der Arbeitgeber bei einer anderen Entwicklung von der im früheren Zwischenzeugnis getroffenen Führungs- und Leistungsbeurteilung abweichen. Das Zwischenzeugnis sollte deshalb mit Blick auf das Endzeugnis bereits mit der erforderlichen Sorgfalt erstellt werden.

Von einem vorläufigen Endzeugnis, das dem Mitarbeiter für die Zeit der Kündigungsfrist zur Bewerbung erteilt wird, kann der Arbeitgeber nur abweichen, wenn ihm ein Widerrufsrecht zusteht.

3 Kann im Endzeugnis auf Zwischenzeugnisse verwiesen werden?

Bei langen Beschäftigungszeiten mit wechselnden Tätigkeitsfeldern kann das Zeugnis sehr umfangreich ausfallen. Aber sind zu viele Details nicht unvorteilhaft, wenn man sich bewirbt?

Das sagt der Gesetzgeber

Nach dem gesetzlichen Wortlaut (§ 630 BGB, § 109 GewO) hat der Mitarbeiter bei Beendigung des Anstellungsverhältnisses Anspruch auf ein schriftliches Zeugnis, das mindestens Angaben zur Art und Dauer der Tätigkeit enthalten muss. Auf Verlangen des Mitarbeiters muss es sich darüber hinaus auch auf die Leistung und das Verhalten im Anstellungsverhältnis erstrecken. Im Endzeugnis des Mitarbeiters ist deshalb grundsätzlich der gesamte Zeitraum der Tätigkeit des Mitarbeiters in einer zusammenfassenden Darstellung zu erfassen.

Verweisen Sie im Endzeugnis auf Zwischenzeugnise

Allein auf Grund ihrer Länge sind sehr ausführliche Zeugnisse für Bewerbungen aber nicht geeignet. Im Hinblick auf dieses Dilemma ist man in der Praxis teilweise dazu übergegangen, im Endzeugnis auf erteilte Zwischenzeugnisse zu verweisen, soweit diese Zwischenzeugnisse den jeweiligen Tätigkeitsabschnitt mit Leistungs- und Führungsbeurteilung umfassend abdecken. Im eigentlichen Endzeugnis finden sich dann nur relativ kurze, zusammenfassende Bemerkungen über Inhalt und Umfang des jeweiligen Tätigkeitsabschnittes und dem Endzeugnis werden in Anlage die Kopien der Zwischenzeugnisse beigefügt, auf die lediglich verwiesen wird.

Einigen Sie sich gemeinsam über den Verweis auf Zwischenzeugnisse!

In der Rechtsprechung ist bisher noch nicht entschieden, ob und unter welchen Voraussetzungen im Endzeugnis auf Zwischenzeugnisse verwiesen werden kann. Möchte man Endzeugnisse auf diese Art und Weise erstellen, sollte man dies im Vorfeld mit dem betroffenen Mitarbeiter abstimmen, um im Nachhinein mögliche Auseinandersetzungen zu vermeiden.

4 Wohlwollend oder wahr? Wie beurteilen Sie?

Ein Zeugnis darf kein Stolperstein für die Karriere sein.

Der Arbeitgeber steckt häufig in der Zwickmühle: Einerseits soll das Zeugnis dem zukünftigen potenziellen Arbeitgeber ermöglichen, sich ein Bild von den Kenntnissen, Fähigkeiten und dem Verhalten des Mitarbeiters gegenüber Kollegen und Vorgesetzten sowie gegenüber Kunden zu machen. Aus diesem Grund muss das Zeugnis inhaltlich der Wahrheit entsprechen. Andererseits dient das Zeugnis dem Mitarbeiter auch bei der Gestaltung seiner beruflichen Zukunft. Das Zeugnis darf also kein Hindernis bei der beruflichen Karriere sein.

Das sagt die Rechtsprechung

Grundsätzlich hat der Arbeitgeber das Zeugnis im Interesse des Mitarbeiters mit Wohlwollen zu erstellen (vgl. BGH, Urteil v. 26.11.1963, VI ZR 221/62, AP Nr. 10 zu § 826 BGB). Das heißt aber nicht, dass nur positive, dem Mitarbeiter günstige Bewertungen in das Zeugnis aufgenommen werden dürfen. Ein solches Zeugnis würde dem obersten Grundsatz der Wahrheitspflicht widersprechen.

Verlangt ein Mitarbeiter ein qualifiziertes Zeugnis, muss er auch damit rechnen, dass darin negative Aussagen enthalten sind. Ein „wohlwollender Maßstab" bedeutet deshalb, dass das Zeugnis aus der Sicht eines verständigen Arbeitgebers abzufassen ist und nicht durch Vorurteile oder Voreingenommenheit bestimmt sein darf, die ein Fortkommen des Mitarbeiters unnötig erschweren.

Das sagt die Rechtsprechung

Die Verwendung des Begriffes „sich bemühen" sowie die Bescheinigung von Pünktlichkeit und korrekter Ausnutzung der Arbeitszeit stellen in einem Zeugnis letztlich eine negative Beurteilung dar und entsprechen nicht dem Erfordernis eines wohlwollenden Zeugnisses (vgl. ArbG Neubrandenburg, Urteil v. 12.2.2003, 1 Ca 1579/02, NZA-RR 2003, 465).

Im Rahmen der Zeugniserteilung dürfen daher auch negative Eigenschaften und Vorfälle nur in einer adäquaten Weise zum Ausdruck kommen (vgl. LAG Bremen, Urteil v. 9.11.2000, 4 Sa 101/00, NZA-RR 2001, 287).

Das Bundesarbeitsgericht hat dieses Spannungsverhältnis so formuliert:

Bei der Wertung der Tragweite des Zeugnisses gilt zunächst, dass dieses wahr sein muss, auch wenn es vom verständigen Wohlwollen gegenüber dem Mitarbeiter getragen sein muss und ihm das weitere Fortkommen nicht ungerechtfertigt erschweren soll.

Wahrheit geht vor Wohlwollen.

Dieser Grundsatz hat zur Folge, dass der Mitarbeiter, wenn das Zeugnis sich auf sein Verlangen hin auf Leistung und Führung erstrecken soll, mit negativen Aussagen rechnen muss, die für sein weiteres Fortkommen nachteilig sein können (vgl. BGH, Urteil v. 22.9.1970, VI ZR 193/69, BB 1970, 1395). Die Wahrheitspflicht hat Vorrang.

Keine faulen Kompromisse

Um des Friedens Willen werden oft gerichtliche Vergleiche geschlossen, in denen sich z.B. Aussagen über die Gründe für die Beendigung des Anstellungsverhältnisses finden, die nicht unbedingt den Tatsachen entsprechen. Die Aufnahme derselben Aussage in ein qualifiziertes Zeugnis kann dem Grundsatz der Zeugniswahrheit widersprechen und daher unzulässig sein.

Die Zeugniswahrheit lässt es nicht zu, in ein qualifiziertes Zeugnis einen Beendigungsgrund für das Anstellungsverhältnis aufzunehmen, der ohne gerichtliche Feststellung lediglich als Kompromissformel in einen Prozessvergleich aufgenommen worden ist (vgl. LAG Frankfurt, Urteil v. 18.2.1983, 13 Sa 1102/82, AuR 1984, 53). Die Zeugniswahrheit steht auch dem Verlangen des Mitarbeiters entgegen, ein Arbeitszeugnis nur auf einen bestimmten Zeitraum eines langjährigen Anstellungsverhältnisses zu beschränken.

5 Muss „außerdienstliches Verhalten" berücksichtigt werden?

Auch sogenanntes „außerdienstliches Verhalten“ kann die Führungsbeurteilung eines Mitarbeiters beeinflussen. Wenn ein Mitarbeiter in fahruntüchtigem Zustand unbefugt ein Dienstfahrzeug sei-

nes Arbeitgebers zu einer Privatfahrt benutzt und deswegen strafrechtlich verurteilt wird, kann der Mitarbeiter vom Arbeitgeber im qualifizierten Zeugnis nicht die Aussage verlangen, seine Führung sei „einwandfrei" gewesen. Ein derartiges Zeugnis wäre inhaltlich unwahr (vgl. BAG, Urteil v. 29.1.1986, 4 AZR 479/84, NZA 1987, 384).
Hingegen dürfen Umstände des Privatlebens ohne Bezug zur beruflichen Tätigkeit nicht in ein Zeugnis einfließen.

6 Können bestimmte Umstände weggelassen werden?

Die Zeugniswahrheit hat Priorität.

Der Arbeitgeber muss zwar Rücksicht auf die weitere berufliche Karriere des Mitarbeiters nehmen, doch diese Rücksichtnahme hat Grenzen. Schließlich kann der künftige Arbeitgeber erwarten, dass das Zeugnis eine zuverlässige Grundlage für seine Einstellungsentscheidung ist. Bestimmte Vorkommnisse, die für die Führung- und Leistungsbewertung wesentlich sind, dürfen nicht verschwiegen werden.
Im Interesse der Zeugniswahrheit darf ein Arbeitszeugnis auch dort keine Auslassungen enthalten, wo der Leser eine positive Hervorhebung erwartet (z.B. bei der Ehrlichkeit eines Kassierers). In entscheidenden Fragen, wie z.B. Ehrlichkeit eines Mitarbeiters in finanzieller Vertrauensposition, Unfallfreiheit eines Berufskraftfahrers, bei denen die Antwort nur „Ja" oder „Nein" lauten kann, ist bei negativen Vorkommnissen weder eine unzutreffende Aussage noch ein Weglassen der Aussage zu diesem Punkt zulässig. Die Tatsache muss in jedem Fall angesprochen werden, das Wohlwollen für den Mitarbeiter muss dann auf andere Weise zum Ausdruck gebracht werden.
Manche Arbeitgeber versuchen die heiklen Punkte eines Zeugnisses zu umgehen, indem sie sich missverständlich oder mehrdeutig ausdrücken. Dies ist jedoch nicht gestattet.

Das sagt die Rechtsprechung

Enthält ein Arbeitszeugnis widersprüchliche, verschlüsselte bzw. doppelbödige Formulierungen, so sind diese ersatzlos zu streichen (vgl. LAG Hamm, Urteil v. 17.12.1998, 4 Sa 630/98, BB 2000, 1090).

Die ersatzlose Streichung dieser (isolierten) Formulierungen führt im Ergebnis jedoch dazu, dass die Zeugniswahrheit gänzlich auf der Strecke bleibt, denn der Arbeitgeber hätte das Zeugnis insgesamt ja dann völlig anders formuliert.

Entscheidend ist das Gesamtbild.

Ein Zeugnis besteht meist nicht nur aus den Kernsätzen, sondern auch aus zahlreichen ergänzenden Formulierungen. Hier bleibt sehr viel Raum zur Interpretation, weil diese Formulierungen in der Regel individuell und nicht eindeutig einer Notenstufe zuordenbar sind. Bei der Interpretation spielen nun auf Seiten des Zeugnislesers verschiedene Faktoren eine Rolle:

- Welche Formulierungen kennt er?
- Welche Formulierungen empfindet er als übertrieben?
- Wägt er jedes Wort genau ab?
- Ist er stark auf bestimmte Branchengepflogenheiten, sofern existent, fixiert?
- Welchen Zeugnisumfang erwartet er?

Die individuelle Herangehensweise an diese Fragen bestimmt die Interpretation.

Es gibt viele Ansatzpunkte zu Missverständnissen. Ein geübter Zeugnisleser wird sich immer ein Gesamtbild machen und einen wirklich interessanten Bewerber auch aufgrund seines Profils zu einem Vorstellungsgespräch einladen. Gleichwohl wird das Zeugnis die Erwartungshaltung des Personalentscheiders beeinflussen. Zeugnisse sollten daher insgesamt vor allem schlüssig und in sich harmonisch formuliert sein, um Missverständnisse zu minimieren.

Vor diesem Hintergrund sollten Sie vor allem in den folgenden Fällen auf eine angemessene Darstellung achten:

Wenn der Mitarbeiter oft krank war

Eine Krankheit darf im Zeugnis grundsätzlich nicht erwähnt werden, auch dann nicht, wenn sie den Kündigungsgrund darstellt.

Krankheitsbedingte Fehlzeiten dürfen nur dann im Zeugnis genannt werden, wenn sie außer Verhältnis zur tatsächlichen Arbeitsleistung stehen,

Wo ist die Grenze?

Die Verhältnismäßigkeit ist überschritten, wenn die krankheitsbedingten Fehlzeiten etwa die Hälfte der gesamten Beschäftigungszeit ausmachen (vgl. LAG Chemnitz, Urteil v. 30.1.1996, 5 Sa 996/95, NZA-RR 1997, 47).

Liegen die krankheitsbedingten Fehlzeiten unter dieser Grenze, könnte der Arbeitgeber im Zeugnis Folgendes schreiben: „Herr XY trat am ... bei uns als ... ein. Er hat sein Arbeitsverhältnis zum ... gekündigt."

Durch die Formulierung „trat“ statt „beschäftigt“ werden nicht unerhebliche Fehlzeiten zum Ausdruck gebracht. Wenn also in einem Zeugnis nur die rechtliche Existenz eines Anstellungsverhältnisses angegeben wird, kann dies Fehlzeiten andeuten, deren explizite Aufzählung dem Arbeitgeber verwehrt ist.

Bitten Sie um lückenlose Angaben!

Lassen Sie sich im Zweifelsfall von Bewerbern generell oder bezogen auf einzelne Abschnitte des Berufslebens ausdrücklich bestätigen, dass die genannten Tätigkeiten in der angegebenen Zeit auch tatsächlich ausgeübt worden sind. Der Bewerber muss die Frage nach dem Lebenslauf und dem beruflichen Werdegang wahrheitsgemäß beantworten (vgl. LAG Köln, Urteil v. 13.11.1995, 3 Sa 832/95, NZA-RR 1996, 403).

Wenn außerordentlich gekündigt wurde

Wenn dem Mitarbeiter zu Recht außerordentlich gekündigt wurde, so genügt es, diese Tatsache durch alleinige Angabe des Beendigungszeitpunktes zum Ausdruck zu bringen. Bei einem „krummen Beendigungszeitpunkt“ (nicht Monatsmitte, Monats- oder Quartalsende) verdeutlicht das den Umstand der fristlosen Kündigung ausreichend (vgl. LAG Hamm, Urteil v. 24.9.1995, 13 Sa 833/85, NZA 1986, 99).

Wenn ein Vertragsbruch vorliegt

Schwierig ist die Situation, wenn ein Mitarbeiter wegen Vertragsbruch aus der Firma ausscheiden muss. Wie kann eine für den Mitarbeiter ungünstige Formulierung im Zeugnis vermieden werden? Hier kann man nicht allgemein sagen, welche Formulierungen zulässig und welche Formulierungen unzulässig sind.
In der Abwägung zwischen Wahrheitspflicht und wohlwollender Fassung, die den betroffenen Mitarbeiter in seinem beruflichen Fortkommen nicht behindern soll, ist es praktisch fast unmöglich, einen Vertragsbruch des Mitarbeiters noch erkennbar werden zu lassen. So ist es eigentlich nicht mehr möglich, der Wahrheitspflicht gerecht zu werden.

Das sagt die Rechtsprechung

In punkto Vertragsbruch hat die Rechtsprechung die Anforderung aufgestellt, dass eine entsprechende Formulierung mit Hinblick auf einen „sorgfältigen Leser" erfolgen müsse (vgl. LAG Hamm, Urteil v. 24.9.1985, 13 Sa 833/85, NZA 1986, 99). Das heißt im Klartext: Es darf einem „normalen Leser" nicht ins Auge springen.

7 Wie ausführlich muss die Tätigkeitsbeschreibung sein?

Der zukünftige Arbeitgeber muss sich ein klares Bild vom Aufgabenbereich des Mitarbeiters machen können. Das Zeugnis hat daher die Tätigkeiten, die ein Mitarbeiter während seines Anstellungsverhältnisses ausgeübt hat, mit ihren typischen Merkmalen vollständig und genau zu beschreiben.

Wesentliche und typische Tätigkeiten sind aufzuführen.

Dabei ist die Grenze zwischen der Art der Beschäftigung und der Beschreibung des Aufgabenbereiches meist fließend. Veränderte sich der Aufgabenbereich im Laufe des Anstellungsverhältnisses, sind die einzelnen Stationen der beruflichen Entwicklung des Mitarbeiters zu beschreiben. Unwesentliche Tätigkeiten, denen bei einer Bewerbung keine Bedeutung zukommt, brauchen nicht erwähnt zu werden.

Wieviel Tätigkeitsbeschreibung, wieviel Leistungsbeschreibung muss sein?

Ein Zeugnis muss immer ausgewogen sein; die Tätigkeitsbeschreibung und Leistungsbeurteilung sollte idealerweise im Verhältnis 50:50 aufgebaut sein. Natürlich ist dieses Verhältnis bei sehr umfangreichen oder häufig wechselnden Tätigkeiten kaum einzuhalten und auch nicht mehr sinnvoll. Zu vermeiden ist aber in jedem Falle eine krasse Schieflage dieser beiden Zeugnisteile.

Die Beschreibung der Kernkompetenzen ist gerade bei Führungskräften wichtig.

In einer ausführlichen Leistungs- und Verhaltensbeurteilung liegt die große Chance, einen Bewerber schon vorab genauer kennenzulernen und sich ein präziseres Bild zu machen. Die Leistungs- und Verhaltensbeurteilung sollte gerade bei Führungskräften auf wichtige Kernkompetenzen und Schlüsselqualifikationen eingehen, und eben nicht nur aus zwei oder drei Sätzen bestehen, die gerade die Gesamtnote und vielleicht ein einwandfreies Verhalten zum Ausdruck bringen.

Die Dauer der Aufgabenerfüllung und der Qualifikationsgrad bestimmen letztlich den Umfang der Tätigkeitsbeschreibung. So ist die Berufsbezeichnung zwar regelmäßig im Zeugnis zu erwähnen, genügt aber keineswegs als Ersatz für eine detaillierte Tätigkeitsbeschreibung.

Das sollte die Tätigkeits-/Aufgabenbeschreibung enthalten:

- Unternehmen/Branche
- Hierarchische Position
- Berufsbild/Berufsbezeichnung
- Aufgabengebiet
- Art der Tätigkeit
- Berufliche Entwicklung

So sparen Sie sich Arbeit!

Wenn die Stellenbeschreibung laufend fortgeschrieben wurde, können Sie diese für die Darstellung im Zeugnis übernehmen.

8 Müssen Vollmachten im Zeugnis erwähnt werden?

Vollmachten sprechen für eine verantwortliche Führungsposition.

Vollmachten lassen Rückschlüsse auf die Stellung im Betrieb und die hierarchische Position zu. Für die Darstellung von Kompetenzen und Verantwortung des Mitarbeiters ist die Angabe von Vollmachten in einem Zeugnis daher sehr wichtig. Hier ist insbesondere von Interesse, ob ein Mitarbeiter Generalvollmacht, Abschlussvollmacht (§ 55 Abs. 1 HGB), Handlungsvollmacht (§ 54 Abs. 1 HGB) oder Prokura (§ 48 Abs. 1 HGB) hatte. Waren die handelsrechtlichen Vollmachten beschränkt – z.B. Gesamtprokura (§ 48 Abs. 2 HGB) oder Filialprokura (§ 50 Abs. 3 HGB) - ist dies ebenfalls anzugeben (vgl. LAG Hamm, Urteil v. 17.6.1999, 4 Sa 309/98, ZfPR 2000, 197).

9 Wie gehen Sie mit Persönlichkeitsmerkmalen um?

Die Person des Mitarbeiters ist im Zeugnis mit Vor- und Familiennamen, ggf. Geburtsnamen, genau zu bezeichnen. Anschrift und Geburtsdatum sollten nur mit Einverständnis des Mitarbeiters aufgenommen werden, da diese Angaben zur Identifikation nicht erforderlich sind. Aufgrund des verfassungsrechtlich geprägten allgemeinen Persönlichkeitsschutzes hat der Mitarbeiter einen Anspruch darauf, dass der Arbeitgeber den vom Mitarbeiter erworbenen akademischen Grad im Geschäftsverkehr nach außen, d.h. auch in einem Zeugnis in seiner konkreten Bezeichnung korrekt verwendet. Besitzt der Mitarbeiter einen Studienabschluss mit dem Magistertitel, so hat er Anspruch darauf, dass in seinem Zeugnis dieser akademische Grad mit „M.A.“ hinter seinem Namen wiedergegeben wird. Hat ein Mitarbeiter als Absolvent einer Hochschule den Titel „Dipl. Ing.“ erhalten, darf diesem Titel nicht der Zusatz „FH“ hinzugefügt werden. Für die Anrede ist „Herr“ und „Frau“ zu verwenden, es sei denn, die Mitarbeiterin wünscht ausdrücklich die Bezeichnung „Fräulein“.

10 Kann ein Zeugnis widerrufen werden?

Nur wer sich in wichtigen Punkten geirrt hat, kann widerrufen.

Hat sich der Arbeitgeber bei der Erstellung des Zeugnisses über schwerwiegende Umstände geirrt und ist das Zeugnis deshalb unrichtig, kann der Arbeitgeber Zug um Zug gegen Erteilung eines neuen Zeugnisses die Herausgabe des alten Zeugnisses verlangen. Nicht widerrufen kann der Arbeitgeber in folgenden Fällen:

- bei einer bewusst falschen Ausstellung des Zeugnisses. Hat der Arbeitgeber z.B. eine vorbehaltlose positive Beurteilung des Mitarbeiters trotz Geltendmachung von Schadensersatzansprüchen vorgenommen, kann er im Nachhinein davon nicht mehr abrükken (vgl. BAG, Urteil v. 3.3.1993, 5 AZR 182/92, DB 1993, 1624).
- wenn er durch Vergleich oder Urteil zu einer bestimmten Formulierung verpflichtet war. Will der Arbeitgeber trotzdem eine Änderung des Zeugnisses erreichen, muss er zunächst den Rechtstitel im Wege einer Vollstreckungsgegenklage vom Arbeitsgericht aufheben lassen. Die Beweislast für die Unrichtigkeit des Zeugnisses trägt hier der Arbeitgeber.

Der Widerruf des Zeugnisses wird wirksam, wenn er dem Mitarbeiter zugeht. Der Widerruf sollte deshalb aus Beweisgründen schriftlich erklärt werden. Der Arbeitgeber kann ein Zwischenzeugnis bereits dann zurückverlangen, wenn durch das Verhalten des Mitarbeiters nach Ausstellung des Zeugnisses die Verhaltensbeurteilung nicht mehr den Tatsachen entspricht oder sich die Leistungsbeurteilung wegen nachhaltiger Mängel geändert hat.

Das sagt die Rechtsprechung

Die Beweislast für die Voraussetzungen des Widerrufs sowie für die Richtigkeit des neuen Zeugnisses trägt der Arbeitgeber (vgl. LAG Hamm, Urteil v. 1.12.1994, 4 Sa 1540/94, LAGE Nr. 25 zu § 630 BGB).

11 Haftet der Arbeitgeber für falsche Arbeitszeugnisse?

Hier ist zunächst zwischen den Ansprüchen des Mitarbeiters gegen den (alten) Arbeitgeber und möglichen Ansprüchen des neuen Arbeitgebers gegen den alten Arbeitgeber zu unterscheiden. Der Mitarbeiter kann einen Schadensersatzanspruch gegen den (alten) Arbeitgeber stützen auf:

- Verzug wegen Nichterfüllung, Nichterteilung oder verspäteter Erteilung des Zeugnisses,
- Pflichtverletzung wegen unvollständiger oder unrichtiger Zeugniserteilung.

Bei schuldhaftem Verhalten haftet der Arbeitgeber.

Kommt der Arbeitgeber schuldhaft seiner Pflicht nicht nach, dem Mitarbeiter rechtzeitig ein ordnungsgemäßes Zeugnis zu erteilen, so haftet er dem Mitarbeiter für den Minderverdienst, der diesem dadurch entsteht, dass er bei Bewerbungen kein ordnungsgemäßes Zeugnis vorweisen kann. Dabei hat der Mitarbeiter die Voraussetzungen des Schadensersatzanspruches zu beweisen, d.h. er muss nachweisen, dass ihm wegen der verspäteten oder nicht ordnungsgemäßen Erteilung des Zeugnisses ein Schaden entstanden ist. Hier wird es dem Mitarbeiter aber nicht allzu schwer gemacht, denn er braucht nur die Umstände darzulegen und zu beweisen, aus denen sich nach dem gewöhnlichen Verlauf der Dinge oder den besonderen Umständen des Einzelfalls die Wahrscheinlichkeit des entgangenen Verdienstes ergibt (vgl. § 287 Abs. 1 ZPO).

Von den Arbeitsgerichten werden keine zu strengen Anforderungen an den Vortrag des Mitarbeiters gestellt. Der Mitarbeiter muss die tatsächlichen Grundlagen für die vom Arbeitsgericht vorzunehmende Schätzung darlegen. Hierbei kann es bereits ausreichend sein, dass ein bestimmter Arbeitgeber ernsthaft an der Einstellung des Mitarbeiters interessiert war und die Zeugnisfrage zur Sprache gebracht wurde (vgl. BAG, Urteil v. 16.11.1995, 8 AZR 983/94, AuR 1996, 195).

Wegen unrichtiger Zeugniserteilung kann sich der alte Arbeitgeber aber auch gegenüber dem neuen Arbeitgeber gemäß § 826 BGB schadensersatzpflichtig machen.

Das sagt die Rechtsprechung

Der Bundesgerichtshof hat den Grundsatz aufgestellt, dass ein Dienstzeugnis für denjenigen, den es später angeht, eine nach Treu und Glauben unerlässliche Mindestgewähr für die Richtigkeit der Angaben beinhalten soll. Die Wahrheitspflicht beschränke sich dabei allerdings auf bedeutsame Punkte, welche die Verlässlichkeit des Zeugnisses bzw. die Gesamtbewertung in ihrem Kern berührten (z.B. Diebstahl). Eine Haftung ist z.B. dann gegeben, wenn dem Mitarbeiter „äußerste Zuverlässigkeit in einer treu erfüllten Vertrauensstellung" bescheinigt wird, obwohl er einen größeren Geldbetrag entwendet hat (vgl. OLG München, Urteil v. 30.3.2000, 1 U 6245, OLGR München 2000, 337). Darüber hinaus besteht keine Haftung, wenn dem Aussteller die Unrichtigkeit des ausgestellten Zeugnisses durch bloße Nachlässigkeit nicht bewusst geworden sei und von ihm auch nachträglich nicht erkannt wurde.

Hat der Aussteller eines Zeugnisses jedoch nachträglich erkannt, dass dieses grob unrichtig ist und dass ein bestimmter Dritter durch Vertrauen auf dieses Zeugnis Schaden nehmen kann, dann haftet er für den durch die Unterlassung einer Warnung entstehenden Schaden nach vertraglichen bzw. vertragsähnlichen Grundsätzen (vgl. BGH, Urteil v. 15.5.1979, VI ZR 230/76, DB 1979, 2378).

12 Einstellung wegen gefälschtem Zeugnis – Schadensersatz?

Es kommt nicht oft vor, dass sich ein Mitarbeiter mit Hilfe eines gefälschten Zeugnisses eine Stelle verschafft. In solchen Fällen kann der Arbeitgeber einen Schadensersatzanspruch haben.

Das sagt die Rechtsprechung

Täuscht ein Mitarbeiter den Arbeitgeber im Rahmen seiner Bewerbung mit Hilfe eines gefälschten Zeugnisses über seine Qualifikation und erreicht dadurch seine Einstellung, so hat der Arbeitgeber gegenüber dem Mitarbeiter Ansprüche auf Erstattung der aufgewendeten Vergütung einschließlich der Arbeitgeberanteile zur Sozialversicherung als Schadensersatzanspruch, wenn die Arbeitsleistung des Mitarbeiters nicht verwertbar war (vgl. LAG Köln, Urteil v. 16.6.2000, 11 Sa 1511/99, NZA-RR 2000, 630).

Ein Schadensersatzanspruch besteht nur insoweit nicht, wie die Tätigkeit des Mitarbeiters auch zu tatsächlichen Einnahmen für den Arbeitgeber geführt haben. Die Darlegungs- und Beweislast für die

Voraussetzungen dieser so genannten „Vorteilsausgleichung“ trägt jedoch der Mitarbeiter.

Grundsatz in der Rechtsprechung

Die Rechtsprechung hat den Grundsatz aufgestellt, dass sich der Mitarbeiter nicht auf die Vermutung berufen kann, dass sich im Arbeitsverhältnis Leistung und Gegenleistung auch tatsächlich entsprechen. Diese Vermutung gilt gerade dann nicht, wenn die Vereinbarung auf einer Täuschung des Bewerbers über seine Qualifikation beruht.

13 Wann muss der Arbeitgeber ein Zeugnis neu erstellen?

Was verloren gegangen ist, muss ersetzt werden.

Es kommt gelegentlich vor, dass ein ehemaliger Mitarbeiter die Neuausstellung eines inhaltlich richtigen und nicht beanstandeten Zeugnisses verlangt, weil es beschädigt worden oder verloren gegangen ist. In diesen Fällen ist der Arbeitgeber aufgrund seiner nachvertraglichen Fürsorgepflicht grundsätzlich verpflichtet, auf Kosten des ehemaligen Mitarbeiters ein neues Zeugnis zu erteilen (vgl. LAG Hamm, Urteil v. 17.12.1998, 4 Sa 1337/98, DB 1999, 1610). Für den Arbeitgeber entscheidend ist die Frage, ob ihm die Ersatzausstellung des Zeugnisses zugemutet werden kann, weil er z.B. anhand noch vorhandener Personalunterlagen ohne großen Arbeitsaufwand das Zeugnis neu schreiben lassen kann.

Was gilt bei transsexuellen Personen?

Selbst dann, wenn die Personalakte einer transsexuellen Person infolge Zeitablaufs vernichtet ist, kann der Arbeitgeber die Neuerteilung eines Zeugnisses mit geändertem Vornamen bzw. mit geändertem Geschlecht nicht unter Berufung auf Verwirkung verweigern. Die transsexuelle Person kann das ursprünglich erteilte Zeugnis schließlich zurückgeben und der Arbeitgeber ist in der Lage, ohne jegliche inhaltliche Überprüfung Geschlecht, Name und der daraus resultierende grammatikalische Änderungen umzuformulieren. Da über einen Mitarbeiter lediglich eine einzige Beurteilung existieren darf, ist der Arbeitgeber nur verpflichtet, gegen die Rückgabe des beanstandeten Zeugnisses ein neues Zeugnis zu erteilen.

14 Insolvenz: Wer erteilt das Zeugnis?

War der Mitarbeiter bereits vor Insolvenzeröffnung aus dem Anstellungsverhältnis ausgeschieden, bleibt der Arbeitgeber zur Ausstellung des Zeugnisses verpflichtet. Ein titulierter Anspruch auf Erteilung eines Arbeitszeugnisses aus einem beendeten Anstellungsverhältnis ist auch im Falle der nachfolgenden Insolvenzeröffung weiterhin gegen den bisherigen Arbeitgeber vollstreckbar (vgl. LAG Düsseldorf, Beschluss v. 7.11.2003, 16 Ta 571/03, ZIP 2004, 631). Der Zeugnisanspruch für die gesamte Arbeitszeit richtet sich dann gegen den Insolvenzverwalter, wenn dieser das Anstellungsverhältnis fortgesetzt hat (vgl. LAG Köln, Urteil v. 30.7.2001, 2 Sa 1457/00, DB 2002, 433) und der Mitarbeiter nach Insolvenzeröffnung weiterbeschäftigt wurde (vgl. LAG Nürnberg, Beschluss v. 5.12.2002, 2 Ta 137/02, NZA-RR 2003, 463; BAG Urteil v. 23.6.2004, 10 AZR 495/03, DB 2004, 2428). Auf die Dauer der tatsächlichen Beschäftigung während der Insolvenz kommt es nicht an. Es ist Sache des Insolvenzverwalters, sich zur Beurteilung beim Arbeitgeber zu informieren, der gem. § 97 InsO zur Auskunft verpflichtet ist.
War allerdings der Insolvenzverwalter zum Zeitpunkt der Beendigung des Anstellungsverhältnisses vor der Eröffnung des Insolvenzverfahrens bereits zum vorläufigen Insolvenzverwalter bestellt worden und hatte dieser die Stellung eines sog. „starken" Insolvenzverwalters (i.S.d. § 21 Abs. 2 Nr. 2 i.V.m. § 22 Abs. 1 InsO – allgemeines Verfügungsverbot für den Schuldner), dann kann er vom Mitarbeiter auf Erteilung eines Zeugnisses in Anspruch genommen werden (vgl. LAG Hessen, Urteil v. 1.8.2003, 12 Sa 568/03, n.v.).

15 Verschlüsselte Zeugnissprache als Fachsprache?

Ja, es gibt heute eine Zeugnissprache mit speziellen Techniken, die z.B. als Positiv-Skala-Technik, Leerstellentechnik, Reihenfolgetechnik, Ausweichtechnik, Einschränkungstechnik, Andeutungstechnik, Knappheitstechnik oder Widerspruchstechnik bezeichnet werden (vgl. Weuster, Zeugnisgestaltung und Zeugnissprache zwischen Informationsfunktion und Werbefunktion, BB 1992, 58). Diese überbetriebliche Sprachregelung hat sich durch eine allmähliche Normierung der Zeugnisformulierungen in den Unternehmen herausgebildet. Praxis-Ratgeber, Trainingsseminare für Zeugnisaussteller, wissenschaftliche Fachliteratur sowie die Rechtsprechung der Arbeitsgerichte haben ihren Teil dazu beigetragen. Der Normierungsgrad ist dabei unterschiedlich hoch: die allgemeine Leistungsbeurteilung mit der sogenannten „Zufriedenheitsskala“ ist heute Standard, bei der Beurteilung des Sozial- und Führungsverhaltens gibt es eine größere Vielfalt von Formulierungen.

Das sagt der Gesetzgeber

Formulierungen sind wegen Verstoßes gegen § 109 Abs. 2 GewO unzulässig, wenn:

- nur noch Eingeweihte das Zeugnis lesen bzw. bewerten können und der „Hintersinn" der Worte verbal nicht mehr deutlich wird,
- Informationen verschleiert werden,
- der Leser harmlosen oder positiv klingenden Formulierungen aufsitzt,
- widersprüchliche, verschlüsselte bzw. doppelbödige Formulierungen gewählt werden.

Die Zeugnissprache stellt für viele Mitarbeiter ein Problem dar, weil sie in der Regel diese Sprache nicht beherrschen und glauben ein gutes Zeugnis erhalten zu haben. Oftmals können die Mitarbeiter dann ihr eigenes Zeugnis nicht „deuten“ und werden zum Überbringer einer Nachricht degradiert, die sie selbst nicht verstehen. Solange auf diese gesetzlich zwar nicht vorgegebene, aber in der Praxis entwickelte Zeugnissprache nicht verzichtet und „Klartext“ ge-

Viele Mitarbeiter können ihr Zeugnis nicht „lesen".

sprochen wird (was einen Umgewöhnungsprozess voraussetzt), empfiehlt es sich, den allgemein anerkannten Formulierungen zu folgen, um Missdeutungen oder gerichtliche Auseinandersetzungen zu vermeiden.

Worauf Sie bei der Zeugniserstellung achten müssen

Viele Chefs bieten Ihrem Mitarbeiter an, sich selbst ein Zeugnis auszustellen. Dadurch haben Sie als Arbeitnehmer die Chance, den Zeugnisinhalt in wesentlichen Punkten mitzubestimmen. Allerdings fällt es vielen auch schwer, den richtigen Ton in der Selbstbeurteilung zu treffen. Die folgenden Tipps unterstützen Sie bei der Erstellung von Zeugnisentwürfen und zeigen Ihnen, worauf Sie im Einzelnen achten müssen.

Tipp 1: Sich selbst über den grünen Klee loben?

Achten Sie darauf, dass Sie im Zeugnis Ihre Selbstdarstellung nicht übertreiben! Wenn Sie ständig mit Wörtern wie „hervorragend", „ausgezeichnet" und „brillant" argumentieren oder Ihre Erfolge im Unternehmen überdimensioniert darstellen, nimmt Sie kein Arbeitgeber ernst. Solche Zeugnisse erweisen sich immer als Karrierestolperstein. Fragen Sie im Zweifelsfall Bekannte, die im Personalbereich arbeiten, um Rat.

Tipp 2: Karrierestrategische Überlegungen

Ihr Zeugnis sollte immer auch ein wenig den Blick in die Zukunft gewähren. Schließlich soll das Zeugnis Ihre weitere Karriere unterstützen. Wenn Sie beispielsweise Führungsverantwortung im nächsten Job erstmals dauerhaft übernehmen wollen, sollte eine vorhandene Stellvertreterfunktion Ihrerseits im Zeugnis durchaus betont werden. Wenn Sie Projektmanager werden wollen, so darf natürlich jede Projektmitarbeit entsprechend hervorgehoben werden. Aber: Ein Zeugnis muss der Wahrheit entsprechen, also darf man hier nicht zu weit gehen. Es gilt, die Grenzen auszuloten. Sprechen Sie gegebenenfalls mit Ihrem Vorgesetzten und finden Sie eine einvernehmliche Lösung, die beiden Seiten gerecht wird.

Tipp 3: Experten fragen

Sollten Sie unsicher sein, ob Ihr selbsterstelltes Zeugnis wirklich optimal gelungen ist, lassen Sie es von Kollegen und Freunden, die Erfahrung mit Zeugnissen haben, kritisch überprüfen. Falls Sie trotzdem noch unsicher sind, sollten Sie den Rat eines Experten einholen.

Tipps und Hinweise zu den 9 Zeugnisbestandteilen

Reihenfolge der Zeugnisinhalte

Die richtige Reihenfolge der einzelnen Zeugnisbestandteile ist bei Arbeitszeugnissen besonders wichtig. Vom einleitenden Satz bis zur Schlussformel werden Sie hier Schritt für Schritt in das Verfassen von Zeugnissen eingeführt. Die im Buch aufgelisteten Textbausteine können Sie einfach in Ihren Zeugnisentwurf integrieren (sofern sie auf Ihr Leistungsprofil zutreffen).

1. Die Überschrift

Auf dem Firmenpapier steht zunächst als Überschrift die Bezeichnung, um welche Art Zeugnis es sich handelt: Zeugnis, Zwischenzeugnis, Vorläufiges Zeugnis oder Ausbildungszeugnis.

2. Einleitender Absatz/Eingangsformel

Die Eingangsformel enthält die Personalien des Mitarbeiters (Vorname, Name, Geburtsdatum und –ort). Vergessen Sie nicht, den akademischen Titel (sofern vorhanden) vor den Vornamen einzufügen. Achten Sie darauf, dass Sie die aktuelle Berufsbezeichnung erwähnen. Bei mehreren Positionen sollte immer die jüngste bzw. aktuelle erwähnt werden. Die Eintrittsposition interessiert kaum – für die weitere Karriere ist schließlich entscheidend, wo man aktuell steht.
Die Adresse des Mitarbeiters hat in der Eingangsformel sowie im gesamten Zeugnis nichts zu suchen, zumal sie sich rasch ändern kann.

„Tätig" versus „beschäftigt"

Sehr oft steht im Zeugnis, dass die/der Beurteilte im Unternehmen „beschäftigt“ war. Obwohl dies faktisch richtig ist, wird mit dieser Formulierung eine gewisse Trägheit seitens des Arbeitnehmers suggeriert, während das Wort „tätig“ dagegen deutlich dynamischer klingt. Deswegen sollte das Wort „tätig“ gewählt werden.

Die Unternehmensbeschreibung ist optional einzusetzen und sollte maximal vier Sätze oder vier Zeilen umfassen. Eine zu ausführliche Tätigkeitsbeschreibung lenkt von der Person – dem Zeugnisempfänger – unnötigerweise ab.

Unternehmens-beschreibung

3. Tätigkeitsbeschreibung

Eine Tätigkeitsbeschreibung muss faktisch richtig sein und die wesentlichen Tätigkeiten und Verantwortlichkeiten anführen. Zwei Möglichkeiten des Aufbaus gibt es:

1. Tabellarische Auflistung

Die Tätigkeitsauflistung sollte in abfallender Wichtigkeits-Hierarchie gestaltet sein: Die wichtigsten Tätigkeiten sollten zuerst, dann die weniger wichtigen genannt werden.

2. Fließtext

Hier gibt es keine verbindliche Vorschrift. Eine Aufzählung ist in der Regel übersichtlicher, kann aber nicht ausformuliert werden. Fließtext ermöglicht eine bessere Formulierung auf Kosten der Übersichtlichkeit. Eine Mischform ist aber möglich. So kann etwa die Hauptverantwortung in einem Absatz im Fließtext vorweg geschildert, die Details in einer Aufzählung nachgeschoben werden.
Achten Sie bitte unbedingt darauf, dass die Tätigkeitsbeschreibung insgesamt höchstens 50% des Zeugnistextes umfasst.

4. Fachwissen

Auch wenn Sie nicht als Experte, sondern als Führungskraft tätig sind, muss ihr Fachwissen, das sich dann auf Branchen und Management-Know-how bezieht, erwähnt werden. Das Fachwissen schließt sich immer der Tätigkeitsbeschreibung direkt an. Dabei kann es durchaus auch mit weiteren Beurteilungsbausteinen, wie beispielsweise dem Fachkönnen bzw. der Wissensanwendung, verbunden werden.

5. Leistungsbeurteilung

Kernkompetenzen

Neben dem Fachwissen zählen auch die Kernkompetenzen zu einer wichtigen Beurteilungsdimension im Zeugnis. Die persönlichen überfachlichen Kernkompetenzen beschreiben all jene Fähigkeiten und Eigenschaften, die Sie zum erfolgreichen Ausfüllen der Position benötigten oder einsetzen. Kernkompetenzen sind folglich auf jede

Stelle individuell zuzuschneiden. Daher ergibt sich das ideale Portfolio an Kernkompetenzen immer aus der Stellenbeschreibung und der tatsächlich ausgeübten Tätigkeit bzw. wahrgenommenen Verantwortung. Zu den typischen überfachlichen Kernkompetenzen (die genannten müssen nicht zwingend alle zusammen erwähnt werden) zählen etwa:

- Interaktions- und Kommunikationsstärke
- Verantwortungsbewusstsein, Flexibilität
- Umsicht
- Veränderungsbereitschaft
- Motivation
- Eigenständigkeit
- Urteilsfähigkeit
- Teamfähigkeit

6. Führungsleistung

Die Führungsleistung wird nur beurteilt, wenn Sie Vorgesetzter oder Führungskraft sind. Sie steht unmittelbar vor dem abschließenden Kernsatz zur Leistungsbeurteilung. Die Führungsleistung bewertet die Führungskraft in Hinsicht auf die Motivation der Mitarbeiter, die Abteilungs- und Gruppenleistung sowie das Arbeitsklima. Man unterscheidet zwischen disziplinarischer und projektbezogener Führungsverantwortung. Klassisch galt nur die Linienverantwortung als „echte" Führungsverantwortung. Mit zunehmender Wichtigkeit des Projektwesens in der Wirtschaft gewinnt auch der Projektleiter in seiner Rolle als Führungskraft an Bedeutung.

7. Zusammenfassende Leistungsbeurteilung

Am Ende der Leistungsbewertung wird diese durch einen zusammenfassenden Kernsatz bestätigt. Folgende Kernsätze sind besonders gebräuchlich:

- „... stets zur vollsten Zufriedenheit ..." (Note 1)
- „... stets zur vollen Zufriedenheit ..." (Note 2)
- „... zur vollen Zufriedenheit ..." (Note: 3)

Wir empfehlen Ihnen, den Kernsatz im Zeugnis als eigenständigen Absatz zu positionieren. Dadurch wird seine Bedeutung hervorgehoben.

8. Verhaltensbeurteilung

Die Verhaltensbeurteilung dokumentiert das persönliche Betragen sowie das Sozialverhalten des Mitarbeiters. Achten Sie bitte unbedingt auf Folgendes: Für eine sehr gute bzw. gute Verhaltensbeurteilung muss die folgende Reihenfolge bei der Personenauflistung eingehalten werden: Vorgesetzte, Mitarbeiter und Kunden. Niemals die Vorgesetzten an zweiter oder dritter Position nennen, denn dann vermutet der geübte Zeugnisleser, dass der ehemalige Mitarbeiter Probleme mit den Vorgesetzten hatte.

9. Schlussformel

Die Schlussformel des Zeugnisses ist wahrscheinlich die sensibelste Stelle. Diesen Absatz können Sie als zusammengefasste Interpretation des gesamten Zeugnisses verstehen. Vorsicht: Eine schlampig erstellte Schlussformel kann Ihnen das ganze Zeugnis vermiesen! Viele Personaler und auch Headhunter lesen aus diesem Grund ein Zeugnis gerne von hinten nach vorne. Die Schlussformel gilt hier gewissermaßen als Türöffner.

Die Schlussformel eines perfekten Zeugnisses besteht immer aus vier aufeinanderfolgenden Teilen:

Die Schlussformel besteht aus vier Teilen

- Grund des Ausscheidens (beim Zwischenzeugnis: Grund der Zeugniserstellung)
- Bedauern über das Ausscheiden (entfällt beim Zwischenzeugnis)
- Dank für die geleistete Arbeit
- Zukunftswünsche für *weiterhin* viel Erfolg (ist beim Zwischenzeugnis optional anwendbar, zumindest sollte hier die Freude über die weitere Zusammenarbeit ausgedrückt werden)

2 Was Sie als Zeugnisempfänger wissen müssen

1 Was tun, wenn der Arbeitgeber kein Zeugnis ausstellt?

Der Mitarbeiter muss die Initiative ergreifen.

Der Arbeitgeber ist nicht verpflichtet, von sich aus ein Zeugnis zu erteilen. Der Mitarbeiter muss sein Zeugnis grundsätzlich verlangen. Zunächst sollte deshalb der Arbeitgeber in nachweisbarer Form aufgefordert werden das geforderte Zeugnis auszustellen. Dabei muss der Mitarbeiter angeben, ob er die Erstellung eines einfachen oder eines qualifizierten Zeugnisses wünscht. Kommt der Arbeitgeber dieser Aufforderungen nicht nach, kann der Mitarbeiter seinen Anspruch auf erstmalige Erteilung oder Berichtigung des Zeugnisses durch Klage zum Arbeitsgericht verfolgen. In Eilfällen ist gegebenenfalls auch der Antrag auf Erlass einer einstweiligen Verfügung möglich (§ 940 ZPO). Hier muss vom Mitarbeiter dargelegt werden, dass ihm bei einer Verzögerung der Zeugniserteilung wesentliche Nachteile für seine beruflichen Karrierechancen drohen. Hat der Arbeitgeber überhaupt kein Zeugnis erteilt, richtet sich der Klageantrag auf die Erteilung des einfachen bzw. qualifizierten Zeugnisses. Es ist dagegen nicht möglich, ein selbst formuliertes Zeugnis einzuklagen.

Der Zeugnisanspruch kann verfallen!

Mit der Geltendmachung der Ansprüche auf Erteilung eines Zeugnisses sollte der Mitarbeiter nicht zu lange warten, um sich nicht den Einwand der Verwirkung entgegenhalten zu lassen. Die Grenze wird von der Rechtsprechung gegenwärtig bei einem Untätigkeitszeitraum zwischen zehn bis zwölf Monaten gezogen.

2 Wann können Sie ein Zwischenzeugnis einfordern?

Ein Zwischenzeugnis kann der Mitarbeiter dann einfordern, wenn auf seiner Seite ein berechtigtes Interesse vorliegt. Als berechtigte Gründe werden z.B. anerkannt:

- eine vom Arbeitgeber in Aussicht gestellte Kündigung;
- ein eigener Stellenwechsel;
- Änderungen im Arbeitsbereich wie Versetzung oder Wechsel des Vorgesetzen;
- Insolvenz;
- Bewerbungen;
- Fort- und Weiterbildung;
- längere Arbeitsunterbrechung infolge Erziehungsurlaub, Wehr- oder Zivildienst;
- zur Vorlage bei Gerichten, Behörden oder für Kreditanträge.

Auch im Falle eines Betriebsüberganges gemäß § 613 a BGB ist auf Wunsch des Mitarbeiters wegen der oft für ihn nicht vorhersehbaren Auswirkungen des Arbeitgeberwechsels ein Zwischenzeugnis zu erteilen. Dieser Anspruch kann sowohl gegen den alten wie auch gegen den neuen Arbeitgeber geltend gemacht werden. Zu beachten ist, dass der Anspruch auf ein Zwischenzeugnis ebenso wie der Anspruch auf das Endzeugnis nach längerem Zeitablauf verwirken kann (vgl. LAG Köln, Urteil v. 8.2.2002, 13 Sa 1050/99, NZA-RR 2001, 130).

Ein Zwischenzeugnis ist nicht ersetzbar!

Eine sogenannte „fachliche Beurteilung", eine „Arbeitsbescheinigung" oder ein „Referenzzeugnis" erfüllt nicht den Anspruch auf Erteilung eines Zwischenzeugnisses. Das Zwischenzeugnis dient wie ein Endzeugnis regelmäßig dazu, Dritte über die Tätigkeit des Mitarbeiters zu unterrichten. Außerdem ist der Arbeitgeber für den vom Zwischenzeugnis erfassten Zeitraum an seine Erklärungen grundsätzlich auch für das Endzeugnis gebunden, und er kann von dem Zwischenzeugnis nur abweichen, wenn das spätere Verhalten des Mitarbeiters dafür hinreichend Anlass bietet (vgl. BAG, Urteil v. 1.10.1998, 6 AZR 176/97, BB 1999, 903). Hinsichtlich Verwendungsmöglichkeit und

Bindungswirkung sind deshalb eine „fachliche Beurteilung", „Arbeitsbescheinigung" oder ein „Referenzzeugnis" nicht mit einem Zwischenzeugnis vergleichbar.

Wenn ein Unternehmen etwa durch Bilanzbetrug oder eine ganze Branche in Verruf gerät, ist zu beobachten, dass sich Mitarbeiter Zwischenzeugnisse ausstellen lassen, um bei eventuellen Verdachtsmomenten gegen das eigene Unternehmen die persönliche Positionierung durch das im Zeugnis schriftlich Verbürgte zu verbessern. Diese Strategie ist durchaus sinnvoll und dürfte auch erfolgreich sein.

3 Wie können Sie Änderungen im Zeugnis gerichtlich durchsetzen?

Hat der Arbeitgeber den Anspruch auf Zeugniserteilung noch nicht oder nicht ordnungsgemäß erfüllt, kann der Mitarbeiter Klage vor dem Arbeitsgericht auf Ausstellung oder Berichtigung des Zeugnisses erheben. Der Mitarbeiter kann dabei nicht ein selbst formuliertes Zeugnis einklagen. Hat der Arbeitgeber bisher überhaupt kein Zeugnis erteilt, richtet sich der Klageeintrag auf die Erstellung eines einfachen oder qualifizierten Zeugnisses.

Nur in Ausnahmefällen kann ein Anspruch auf Zeugnisberichtigung auch mit einer einstweiligen Verfügung durchgesetzt werden. Dies ist nach der Rechtsprechung aber nur dann möglich, wenn das Zeugnis schon der äußeren Form nach nicht den zu stellenden Anforderungen entspricht und die ausgeübte Tätigkeit derart unvollständig beschrieben sowie die Leistung derart ungünstig bewertet wurde, dass eine erfolgreiche Bewerbung von vornherein ausscheidet (vgl. LAG Köln, Urteil v. 5.5.2003, 12 Ta 133/03, LAGReport 2003, S. 304). Sind lediglich einzelne Bestandteile streitig, kann deren Korrektur nicht mit einer einstweiligen Verfügung durchgesetzt werden.

Der Klageantrag muss die Änderungswünsche enthalten.

Geht es lediglich um die Korrektur eines bereits erteilten Zeugnisses, ist im Klageantrag im einzelnen anzugeben, was in welcher Form geändert werden soll (vgl. LAG Düsseldorf, Urteil v. 26.2.1985, 8 Sa

1873/84, DB 1985, 2692). Das Zeugnis ist insgesamt neu zu formulieren, wenn anderenfalls die Gefahr von Sinnentstellungen und Widersprüchlichkeiten droht.
Für das Verfahren vor dem Arbeitsgericht muss kein Anwalt als Prozessbevollmächtigter beauftragt werden. Der Mitarbeiter kann den Prozess selbst führen. Kommt es im Gerichtsverfahren nicht zu einer gütlichen Einigung, entscheidet das Arbeitsgericht durch Urteil über die teilweise oder vollständige Stattgabe der Klage oder die Klageabweisung. Wird der Arbeitgeber zur vollständigen oder teilweisen Korrektur des Zeugnisses entsprechend des Klageantrages verurteilt, kommt er dem Urteil jedoch nicht nach, kann dies im Wege der Zwangsvollstreckung gegen den Arbeitgeber durchgesetzt werden.

4 Können Sie Formulierungen gerichtlich durchsetzen?

Ein Zeugnis muss alle wesentlichen Tatsachen und Bewertungen enthalten, die für die Beurteilung des Mitarbeiters von Bedeutung und für einen künftigen Arbeitgeber von Interesse sind. Weder Wortwahl noch Satzstellung oder Auslassungen dürfen dazu führen, dass bei Dritten der Wahrheit nicht entsprechende Vorstellungen geweckt werden. Der Arbeitgeber ist bei den Bewertungen in diesem Rahmen frei, welche Formulierungen er wählt und welche positiven bzw. negativen Leistungen und Eigenschaften des Mitarbeiters er hervorhebt oder vernachlässigt.

Das sagt die Rechtsprechung

Ein Arbeitgeber kann nicht zu einer bestimmten Formulierung verurteilt werden, so dass ihm nur aufgegeben werden kann, bestimmte Passagen zu korrigieren oder bestimmte Fakten aufzunehmen, wobei allein dem Arbeitgeber die Formulierung des entsprechenden Textes zusteht (vgl. ArbG Neubrandenburg, Urteil v. 12.2.2003, 1 Ca 1579/02, NZA-RR 2003, 465). Müssen Arbeitgeber dann ein „neues" Zeugnis ausstellen, sind sie grundsätzlich an den bisherigen, nicht beanstandeten Zeugnistext gebunden (vgl. BAG, Urteil v. 21.6.2005, 9 AZR 352/04, n.v.). Änderungen sind dann nur möglich, wenn nachträglich Umstände bekannt werden, welche die Leistung oder das Verhalten in einem anderen Licht erscheinen lassen.

Das Zeugnis darf jedoch nicht mit geheimen bzw. verschlüsselten Kennzeichen (Geheimzeichen) oder Formulierungen versehen werden, welche den Zweck haben, den Mitarbeiter in einer aus dem Wortlaut des Zeugnisses nicht ersichtlichen Weise zu charakterisieren (§ 109 Abs. 2 GewO).

In der Praxis wird vor den Arbeitsgerichten in der Regel nicht darum gestritten, welche vom Mitarbeiter gewünschten (Wertungs-) Formulierungen in das Zeugnis aufzunehmen sind, sondern meistens darum, welche Formulierungen falsch, widersprüchlich oder verschlüsselt bzw. doppelbödig sind und deshalb ersatzlos gestrichen werden sollen (vgl. die Rechtsprechung zur „verschlüsselten Zeugnissprache", LAG Hamm, Urteil v. 17.12.1998, 4 Sa 630/98, BB 2000, 1090). Nur in Ausnahmefällen (z.B wenn der Arbeitgeber die für das Zeugnis entwickelten arbeitsrechtlichen Grundsätze nicht beachtet oder beharrlich die Zeugniserstellung verweigert) hat die Rechtsprechung die Befugnis der Arbeitsgerichte bejaht, das Zeugnis unter Umständen auf entsprechenden Klageantrag des Mitarbeiters selbst zu formulieren (vgl. ArbG Berlin, Urteil vom 7.3.2003, 88 Ca 604/03, ArbRB 2004, 4, unter Berufung auf BAG Urteil vom 23.6.1960, 5 AZR 560/58, BAGE 9, 289, 294; BAG Urteil vom 24.3.1977, 3 AZR 232/76, AP § 630 BGB Nr. 13).

Falsche, widersprüchliche oder verschlüsselte Formulierungen werden ersatzlos gestrichen

Ein Zeugnis darf nicht in sich widersprüchlich sein und mit Hilfe von Widersprüchen darf auch keine Herabsetzung der Beurteilung erfolgen. Im Fall einer widersprüchlichen Formulierung ist die gesamte Formulierung, die geeignet ist, den Mitarbeiter in seiner beruflichen Karriere zu behindern, zu entfernen.

Dies gilt nach der Rechtsprechung unabhängig davon, wie das Führungsverhalten des Mitarbeiters tatsächlich zu bewerten ist. Eine Ausnahme bildet hier die zusammenfassende Leistungsbeurteilung, bei der sich die Gerichte inzwischen an einem abgestuften Noten- und Formulierungskatalog orientieren. Hinsichtlich der Leistungsbeurteilung kann der Mitarbeiter gegebenenfalls eine andere Bewertung und die damit korrespondierende Formulierung gegen den Arbeitgeber gerichtlich durchsetzen.

Negativanspruch

Dem Mitarbeiter steht deshalb hinsichtlich der bewertenden Formulierungen im Zeugnis grundsätzlich nur ein „Negativanspruch" zu – hier kann er nur Streichungen durchsetzen. Anders ist es dagegen, wenn das Zeugnis hinsichtlich der Darstellung von Tatsachen (z.B. Qualifikationen), welche für die Beurteilung der Führung und Leistung des Mitarbeiters charakteristisch sind, unvollständig ist. Hinsichtlich dieser Tatsachen kann der Mitarbeiter die Aufnahme in das Zeugnis auch gerichtlich durchsetzen.

Verwirrend formuliert

Ein Zeugnis enthielt die folgenden Formulierungen: „Ihre Leistungen lagen stets über dem Durchschnitt. Die ihr übertragenen Aufgaben erfüllte sie zur vollen Zufriedenheit. Sowohl Vorgesetzte als auch Kollegen schätzen Frau XY's sachliche Art der Zusammenarbeit. Sie war sehr tüchtig und in der Lage, ihre eigene Meinung zu vertreten."

Der letzte Satz ist ein deutlicher Bruch gegenüber den vorangehenden Formulierungen. Mit der nochmaligen Bewertung des Leistungsverhaltens („sie war sehr tüchtig") und der Vermischung mit dem Führungsverhalten („und in der Lage, ihre eigene Meinung zu vertreten") wird die durchweg positive Bewertung der Leistung wieder herabgesetzt. (vgl. LAG Hamm, Urteil v. 17.12.1998, 4 Sa 630/98, BB 2000, 1090)

Achten Sie auf eine klare Struktur

Lesen Sie Ihr Zeugnis kritisch! Wenn Aussagen zu Dauer, Tätigkeiten, Leistungen und Führung nicht klar voneinander abgegrenzt sind oder im falschen Kontext stehen, sollten Sie Rücksprache halten.

5 Können Sie eine Schlussformel gerichtlich durchsetzen?

Es hat sich in der Praxis als üblich herausgebildet, zum Abschluss eines Endzeugnisses eine „Dankes-Bedauerns-Formel" mit Zukunftswünschen zu verwenden. Oft wird dabei der Dank für geleistete Arbeit bzw. das Bedauern über das Ausscheiden noch durch eine Würdigung bleibender Verdienste, eine Einstellungsempfehlung, einem Wiedereinstellungsversprechen oder der Bitte um Wiederbewerbung z.B. nach Abschluss einer Weiterbildung ergänzt. Derartige

Formulierungen sind geeignet, ein Zeugnis abzurunden – ihr Fehlen wird daher oft auch negativ beurteilt.

Unterschiedliche Rechtsprechung zu Schlusssätzen.

Das sagt die Rechtsprechung

Die Rechtsprechung des Bundesarbeitsgerichts und der Instanzgerichte ist nicht einheitlich. Das Bundesarbeitsgericht vertritt die Auffassung„ dass kein Rechtsanspruch auf die Aufnahme von Schlusssätzen besteht (vgl. BAG Urteil v. 20.2.2001, 9 AZR 44/00, NZA 2001, 843). Nach Auffassung des Bundesarbeitsgerichts gehören Schlusssätze nicht zum gesetzlich geschuldeten Inhalt eines Arbeitszeugnisses; sie sind nicht Bestandteil der geschuldeten Führungs- und Leistungsbeurteilung. Ein Mitarbeiter hat keinen Anspruch darauf, dass in einem ihm ausgestellten qualifizierten Arbeitszeugnis die Formel: „Wir wünschen ihm für die Zukunft alles Gute und viel Erfolg" enthalten ist. Das Arbeitszeugnis muss nach Auffassung des Bundesarbeitsgerichts nicht mit einem Schlusssatz enden, in dem das Bedauern über das Ausscheiden des Mitarbeiters ausgedrückt wird.

Nach Auffassung des Bundesarbeitsgerichts macht das Fehlen von Schlusssätzen ein Endzeugnis nicht unvollständig; dies ist kein unzulässiges „Geheimzeichen". Die Rechtsprechung zur unzulässigen Auslassung, d.h. dem sogenannten „beredten Schweigen", betrifft nur den gesetzlich geschuldeten Zeugnisinhalt, d.h. die Art und Dauer der Tätigkeit sowie die Leistungs- und Führungsbeurteilung.

Eine andere Auffassung vertritt das Arbeitsgericht Berlin (vgl. ArbG Berlin Urteil vom 7.3.2003, 88 Ca 604/03, ArbRB 2004, 4). Es bejaht einen Rechtsanspruch des Mitarbeiters auf die Aufnahme einer „Dankes- und Zukunftsformel", nicht jedoch auf eine sog. Bedauernsformel. Angesichts der tatsächlichen weiten Verbreitung von Zukunfts- und Dankesformeln in der betrieblichen Praxis kann das Fehlen einen im übrigen positiven Gesamteindruck des Zeugnisses entwerten und das berufliche Fortkommen des Mitarbeiters behindern. Allerdings können triftige Gründe des Arbeitgebers im Einzelfall diesen Rechtsanspruch des Mitarbeiters begrenzen oder ausschließen.

Zwar erkennt auch das Bundesarbeitsgericht an, dass Schlusssätze nicht „beurteilungsneutral" sind, sondern geeignet, die objektiven Zeugnisaussagen zur Führung und Leistung des Mitarbeiters und die Angaben zum Grund der Beendigung des Anstellungsverhältnissen zu bestätigen oder zu relativieren. Aus der Tatsache, dass ein Zeugnis mit „passenden" Schlusssätzen aufgewertet werde, lässt sich nach Auffassung des Bundesarbeitsgerichts aber nicht im Umkehrschluss folgern, dass ein Zeugnis ohne jede Schlussformulierung in unzulässiger Weise „entwertet" wird. Formulierung und Gestaltung des Zeugnisses obliegt dem Arbeitgeber; zu seiner Gestaltungsfreiheit gehört auch die Entscheidung, ob er das Endzeugnis um Schlusssätze anreichert.

Fast immer gibt es gute Wünsche

Es stellt sich die Frage, ob die Abweichung von einer gefestigten Übung im Arbeits- und Geschäftsleben den Mitarbeiter nicht der Gefahr aussetzt, dass ein künftiger Arbeitgeber Abweichungen von dieser Übung als verdeckte negative Beurteilung deutet. Aber ab wann ist eine derartige Übung als gefestigt anzusehen? Diese Frage ist nicht leicht zu beantworten. Eine relativ sichere Antwort lässt sich nur aus einer Analyse zahlreicher Zeugnisse gewinnen. Zu diesem Thema hat Weuster im Rahmen einer umfassenden empirischen Untersuchung ermittelt, dass bei 669 Endzeugnissen 94,9 % diese Zukunftswünsche erhalten, bei Führungskräften sogar 96,5 % (vgl. Weuster, Personalauswahl und Personalbeurteilung in Arbeitszeugnissen, 1994, Seite 148). Die Entscheidung des Arbeitsgerichts Berlin (Urteil vom 7.3.2003 88 Ca 604/03, ArbRB 2004, 4) deutet einen Wandel der Rechtsprechung zumindest bei den Instanzgerichten an; offen bleibt, ob das Bundesarbeitsgericht seine bisher vertretene Auffassung aufgibt.

Soweit Arbeitgeber solche Schlussformulierungen verwenden, müssen diese mit dem übrigen Zeugnisinhalt, insbesondere der Leistungs- und Führungsbewertung, schlüssig übereinstimmen. Unterlassene negative Werturteile dürfen nicht mit einer knappen und „lieblosen" Schlussformel versteckt nachgeholt werden – hier kann der Mitarbeiter eine entsprechende Korrektur auch gerichtlich durchsetzen.

Lassen Sie sich alles Gute wünschen!

Angesichts des Ergebnisses dieser Untersuchung und der Entscheidung des Arbeitsgerichts Berlin liegt die Annahme nahe, dass die Zukunftswünsche eine gefestigte Übung darstellen und zum Arbeitszeugnis gehören. Obwohl gegenwärtig das Bundesarbeitsgericht einen Rechtsanspruch auf die Schlussformel verneint, sollte im Hinblick auf die Rechtsprechung der Instanzgerichte versucht werden, die Zukunftswünsche im Zeugnis aufzunehmen.

6 Wer muss vor Gericht was beweisen?

Die Darlegungs- und Beweislast für die Richtigkeit der Tatsachen, die in einem Zeugnis genannt werden, liegt grundsätzlich beim Arbeitgeber. Der Arbeitgeber muss deshalb darlegen und gegebenenfalls beweisen, dass die Tatsachen erfüllt sind, aus denen der Zeugnisanspruch abgeleitet ist. Dazu gehören die ein formell einwandfreies, inhaltlich vollständiges und in der Bewertung durchschnittliches Zeugnis ausmachenden Tatsachen (vgl. LAG Bremen, Urteil v. 9.11.2000, 4 Sa 101/00, NZA-RR 2001, 287).

Wenn Aufgabenumfang und Gesamtbeurteilung im Streit sind

Ist dagegen der Umfang der dem Mitarbeiter übertragenen Aufgaben im Streit, muss zunächst der Mitarbeiter darlegen und beweisen, dass ihm diese Aufgaben übertragen waren und er sie auch tatsächlich wahrgenommen hat.

Der Mitarbeiter muss beweisen, dass er besser als der Durchschnitt ist.

Für die Gesamtbeurteilung, d.h. den bewertenden Teil des Zeugnisses, gilt nach der Rechtsprechung eine abgestufte Darlegungs- und Beweislast.

Das sagt die Rechtsprechung

Erteilt der Arbeitgeber auf Wunsch des Mitarbeiters ein qualifiziertes Zeugnis, so hat der Mitarbeiter Anspruch darauf, dass seine Leistung der Wahrheit gemäß beurteilt wird. Bei deren Einschätzung hat der Arbeitgeber einen Beurteilungsspielraum, der von den Arbeitsgerichten nur eingeschränkt überprüfbar ist. Voll überprüfbar sind dagegen die Tatsachen, die der Arbeitgeber seiner Leistungsbeurteilung zugrunde gelegt hat. Hat der Arbeitgeber dem Mitarbeiter insgesamt eine „durchschnittliche" Leistung bescheinigt, hat der Mitarbeiter Tatsachen vorzutragen und zu beweisen, aus denen sich eine bessere Beurteilung ergeben soll. Hat der Arbeitgeber den Mitarbeiter als „unterdurchschnittlich" beurteilt, obliegt dem Arbeitgeber, die seiner Beurteilung zugrunde liegenden Tatsachen darzulegen und zu beweisen (vgl. BAG, Urteil v. 14.10.2003, 9 AZR 12/03, DB 2004, 1270). Dem Arbeitgeber ist gesetzlich nicht vorgeschrieben, welches Beurteilungssystem und welche Formulierungen im Einzelnen er verwendet. Wendet der Arbeitgeber ein im Arbeitsleben übliches Beurteilungssystem an, so ist das Zeugnis so zu lesen, wie es der Üblichkeit entspricht.

Das heißt: Beansprucht der Mitarbeiter die Bescheinigung überdurchschnittlicher Leistungen, trägt er die Beweislast für die Tatsachen, die eine bessere Bewertung rechtfertigen. Erst nach dem schlüssigen Tatsachenvortrag des Mitarbeiters für eine günstigere Bewertung ist es Sache des Arbeitgebers, diese zu erschüttern. Will dagegen der Arbeitgeber von der durchschnittlichen Benotung nach unten hin abweichen, trägt er die Beweislast für unterdurchschnittliche Leistungen. Der Arbeitsgeber muss dann darlegen und beweisen können, dass der Mitarbeiter Fehler gemacht hat und seine Arbeitsleistung nicht den durchschnittlichen Anforderungen genügt.
Wurde vom Arbeitgeber die Arbeitsleistung während des Anstellungsverhältnisses nicht beanstandet, muss sie deshalb noch nicht als sehr gute Leistung bewertet werden. In der Regel ist in diesem Fall eine durchschnittliche Leistung zu bescheinigen.

Gehen Sie mit dem Entwurf in den Vergleich!

Oft wird in gerichtlichen Vergleichen zur Beendigung des Anstellungsverhältnisses formuliert, dass der Arbeitgeber dem Mitarbeiter ein „wohlwollendes" Zeugnis erteilen wird. Dies hat aber nicht automatisch zur Folge, dass der Mitarbeiter die Bescheinigung „guter" Leistungen verlangen kann. Auch die Beurteilung als durchschnittliche Leistung kann wohlwollend erfolgen. Wir empfehlen deshalb zur Vermeidung weiterer Auseinandersetzungen, den Entwurf des Zeugnisses gleich mit zum Inhalt des Vergleiches zu machen.

7 Was darf nicht in einem Zeugnis erwähnt werden?

Die Punkte, die nicht in einem Arbeitszeugnis erwähnt werden dürfen, sind nicht immer eindeutig zu bestimmen. Vieles, das nicht explizit erwähnt wird, findet dennoch den Weg in das Zeugnis, etwa durch verklausulierte Formulierungen. Bei manchen Punkten sind sich auch Experten nicht einig, ob man sie nennen darf oder nicht.

Abmahnungen
Abmahnungen dürfen grundsätzlich nicht explizit erwähnt werden.

Alkoholkonsum
Alkoholkonsum gehört dann nicht ins Arbeitszeugnis, wenn er lediglich den privaten Bereich betrifft. Über die Erwähnung von Alkoholmissbrauch im Dienst herrscht keine Einigkeit. So müsste z.B. die Trunksucht eines Kraftfahrers durchaus erwähnt werden, um Schadensansprüche des neuen Arbeitgebers wegen Täuschung zu vermeiden.

Arbeitslosigkeit/Arbeitsamt
Dem Arbeitsverhältnis vorausgegangene Arbeitslosigkeit oder Vermittlung durch das Arbeitsamt gehören in kein Arbeitszeugnis.

Aufsichtsratstätigkeit als Arbeitnehmervertreter (siehe ‚Betriebsratstätigkeit')

Beendigungsgründe
Die Umstände, unter denen das Anstellungsverhältnis beendet wurde, sind nur auf Wunsch des Mitarbeiters in das Zeugnis aufzunehmen. Ist das Anstellungsverhältnis auf den Auflösungsantrag des Mitarbeiters gemäß §§ 9, 10 KSchG durch Urteil des Arbeitsgerichts aufgelöst worden, kann der Mitarbeiter beanspruchen, dass der Beendigungsgrund mit der Formulierung erwähnt wird, das Anstellungsverhältnis sei „auf seinen Wunsch" beendet worden (vgl. LAG Köln, Urteil v. 29.11.1990, 10 Sa 801/90, LAGE Nr. 11 zu § 630 BGB).

Behinderung
Um Missverständnissen vorzubeugen kann eine Erwähnung schwerer Behinderungen in Einzelfällen sinnvoll sein. Generell unterbleibt die Erwähnung (siehe auch ‚Krankheit').

Betriebsrats- und Sprecherausschusstätigkeit
Hier lehnt die Rechtsprechung grundsätzlich eine Erwähnung im Zeugnis ab. Eine Ausnahme wird nur für den Fall zugelassen, dass der Mitarbeiter vor seinem Ausscheiden lange Zeit ausschließlich für den Betriebsrat tätig war und der Arbeitgeber infolge dessen nicht mehr in der Lage ist, dessen Leistungen und Führung verantwortlich zu beurteilen (vgl. LAG Frankfurt a. Main, Urteil v. 10.3.1977, 6 Sa 779/76, DB 1978, 167), oder wenn durch die Freistellung der Mitarbeiter von seinem Arbeitsplatz entfremdet wurde.

Einkommen sind nicht zu erwähnen

Elternzeit
Grundsätzlich ist die Elternzeit nicht zu erwähnen. Ausnahme: Die Ausfallzeit ist eine wesentliche tatsächliche Unterbrechung der Beschäftigung, die nach Lage und Dauer erheblich ist und bei deren Nichterwähnung für Dritte der falsche Eindruck entstünde, die Beurteilung beruhe auf einer der Dauer des rechtlichen Bestandes des Anstellungsverhältnisses entsprechenden tatsächlichen Arbeitsleistung (vgl. BAG, Urteil v. 10.5.2005, 9 AZR 261/04, EzA-SD 2005, 6).

Ermittlungsverfahren
Ein anhängiges Ermittlungsverfahren im Zusammenhang mit Verfehlungen im Arbeitsverhältnis stellt keine Tatsache dar und ist deshalb nicht im Zeugnis zu erwähnen. Ausnahme: Bei besonderer Tragweite oder Brisanz des Tatverdachts kann das Ermittlungsverfahren erwähnt werden (vgl. LAG Düsseldorf, Urteil v. 3.5.2005, 3 Sa 359/05; DB 2005, 1799). Im Übrigen hat der Arbeitgeber nach strafrechtlicher Verurteilung das Recht zum Widerruf des Zeugnisses, um Schadensersatzansprüche Dritter zu vermeiden.

Freistellung bei Betriebsratsmitgliedern
Sie darf nur erwähnt werden, wenn auch die inner- und außerbetrieblichen Maßnahmen der Berufsbildung des Betriebsratsmitglieds

angeführt werden. Sämtliche Freistellungen aus anderen Gründen dürfen nicht erwähnt werden.

Fristlose Kündigung
Auch wenn der Arbeitgeber den Mitarbeiter zu Recht außerordentlich fristlos gekündigt hat, ist diese Tatsache durch alleinige Angabe des Beendigungszeitpunktes zum Ausdruck zu bringen, nicht jedoch durch die Erwähnung des Ausspruches der außerordentlichen Kündigung (vgl. LAG Düsseldorf, Urteil v. 22.1.1988, 2 Sa 1654/87, NZA 1988, 399).

Geheimzeichen
Geheimzeichen wie ein Strich neben der Unterschrift, die auf Gewerkschaftszugehörigkeit oder sonstiges politisches Engagement hinweisen, sind verboten. Die Existenz dieser Geheimzeichen wird nicht geleugnet, aber man geht davon aus, dass sie höchst selten vorkommen. Man kennt die folgenden Zeichen:

- Ein senkrechter Strich mit dem Kugelschreiber links von der Unterschrift: Mitglied der Gewerkschaft.
- Ein Häkchen nach rechts: Mitglied einer rechtsstehenden Partei.
- Ein Häkchen nach links: Mitglied einer linksstehenden Partei.
- Ein Doppelhäkchen: Mitglied einer linksgerichteten, verfassungsfeindlichen Organisation.

Gesundheitszustand
Angaben zum Gesundheitszustand des Mitarbeiters gehören ebenfalls nicht in das Zeugnis. Umstritten ist hier, ob dann etwas anderes gilt, wenn das Anstellungsverhältnis durch den Gesundheitszustand grundsätzlich beeinflusst wird.

Krankheiten
Krankheiten haben im Arbeitszeugnis normalerweise nichts zu suchen, auch wenn sie den Kündigungsgrund darstellten. Uneinigkeit herrscht darüber, ob Krankheiten dann erwähnt werden sollten, wenn eine Gefährdung Dritter nicht auszuschließen ist.

Krankheitsbedingte Fehlzeiten
Eine Krankheit darf im Zeugnis grundsätzlich nicht vermerkt werden, auch dann nicht wenn sie den Kündigungsgrund darstellt. Krankheitsbedingte Fehlzeiten dürfen nur dann Erwähnung finden,

wenn sie außer Verhältnis zur tatsächlichen Arbeitsleistung stehen, d.h. wenn sie etwa die Hälfte der gesamten Beschäftigungszeit ausmachen (vgl. LAG Chemnitz, Urteil v. 30.1.1996, 5 Sa 996/95, NZA-RR 1997, 47).

Kündigungsgründe
Kündigungsgründe werden nur auf Wunsch des Mitarbeiters erwähnt.

Modalitäten der Beendigung
Nicht erwähnt werden dürfen die Modalitäten, die zwischen den Parteien bei der Beendigung des Anstellungsverhältnisses vereinbart wurden. Das betrifft zum Beispiel den Widerruf der Prokura (vgl. BAG Urteil v. 26.6.2002, 9 AZR 392/00, NZA 2002, 34).

Privatleben
Alles, was das Privatleben betrifft, also auch eine eventuelle Nebentätigkeit, das Sexualverhalten, eine Schwangerschaft, wird nicht erwähnt. Allerdings kann es von besonderer Wertschätzung zeugen, wenn der Arbeitgeber dem Zeugnisempfänger beispielsweise in der Schlussformel „für die Zukunft beruflich wie privat (oder persönlich) alles Gute und weiterhin viel Erfolg" wünscht.

Straftaten
Weder Vorstrafen noch sonstige Straftaten gehören in ein Arbeitszeugnis. Ausnahme: Eine im Dienst begangene, rechtskräftig verurteilte Straftat, die zur Kündigung geführt hat.

Vertragsbruch
Im Hinblick auf eine wohlwollende Zeugnisformulierung sind für den Mitarbeiter ungünstige Formulierungen zu vermeiden. Bei einem Vertragsbruch lässt sich nicht allgemein festhalten, welche Formulierungen zulässig und welche unzulässig sind. Maßstab für die Arbeitsgerichte ist, dass bei einer Abwägung zwischen Wahrheitspflicht und wohlwollender Fassung der betroffene Mitarbeiter in seinem beruflichen Fortkommen nicht behindert werden soll. Die Formulierung müsse so gewählt werden, dass ein „sorgfältiger Leser" entnehmen kann, dass der Mitarbeiter unter Vertragsbruch bei seinem Arbeitgeber ausgeschieden sei (vgl. LAG Hamm, Urteil v. 24.9.1985, 13 Sa 833/85, NZA 1986, 99).

8 Widerspruch – welche Fristen sind zu beachten?

Es gibt keinen förmlichen Rechtsbehelf eines „Widerspruches" gegen ein Arbeitszeugnis. Der Mitarbeiter kann sich zwar jederzeit nach Erhalt eines Arbeitszeugnisses an seinen Arbeitgeber wenden und Änderungswünsche ihm gegenüber geltend machen, der Arbeitgeber ist jedoch nicht verpflichtet, diesen Änderungswünschen zu folgen oder diese mit dem Mitarbeiter zu erörtern.
Erfüllt der Arbeitgeber den Anspruch auf Zeugniserteilung nicht oder nicht ordnungsgemäß, kann der Mitarbeiter auf Ausstellung oder auf Berichtigung des Zeugnisses vor dem Arbeitsgericht klagen. Hier sind die Fragen der Verjährung, der Verwirkung, des Verzichts oder von Ausschlussfristen zu beachten.

Der Anspruch verjährt nach drei Jahren

Für den Anspruch auf Ausstellung oder Berichtigung eines Zeugnisses besteht keine besondere Verjährungsregelung. Es findet deshalb die regelmäßige Verjährungsfrist von drei Jahren gemäß § 195 BGB Anwendung. Diese regelmäßige Verjährungsfrist beginnt mit dem Schluss des Jahres, in dem der Anspruch entstanden ist. Vor Eintritt der Verjährung kann sich allerdings der Arbeitgeber ggf. auf eine Unmöglichkeit der Zeugniserteilung berufen bzw. es kann eine sogenannte Verwirkung des Anspruches vorliegen.

Wann erlischt der Anspruch?

Unabhängig von der Verjährung kann der Zeugnisanspruch bereits dann erlöschen, wenn es dem Arbeitgeber nicht mehr möglich ist, ein Zeugnis auszustellen (z.B. wenn der Arbeitgeber aufgrund des Zeitablaufes nicht in der Lage ist, ein wahrheitsgemäßes Zeugnis auszustellen).
Die Ausstellung eines einfachen Zeugnisses zu Art und Dauer der Tätigkeit ist wegen der geringen Anforderungen in der Regel nach Beendigung des Anstellungsverhältnisses noch solange möglich, wie Personalunterlagen vorhanden sind. Beim qualifizierten Zeugnis, das auch Angaben zur Leistung und zur Führung enthält, ist die La-

ge etwas anders: Wenn der Arbeitgeber und seine mit der Zeugniserteilung befassten Vertreter sich an die Tatsachen zur Führung und Leistung des Mitarbeiters nicht mehr erinnern können und auch keine entsprechenden schriftlichen Personalunterlagen vorhanden sind, in denen Führung und Leistung des Mitarbeiters festgehalten wurden, ist die Ausstellung eines qualifizierten Zeugnisses schlicht nicht mehr möglich.

Wann ist der Anspruch verwirkt?

Selbst wenn die Erfüllung des Anspruchs auf Zeugniserteilung noch möglich ist, kann der gerichtlichen Durchsetzung vor Verjährungseintritt die sogenannte Verwirkung entgegen gehalten werden. Für die Verwirkung eines Anspruches müssen zwei Aspekte erfüllt sein: das sogenannte Zeitmoment und das Umstandsmoment.

Man darf mit der Bitte um Zeugniserstellung nicht zu lange warten.

Der anspruchsberechtigte Mitarbeiter muss seinen Zeugnisanspruch längere Zeit nicht geltend gemacht und dadurch beim Arbeitgeber die Überzeugung gefestigt haben, er werde sein Recht nicht mehr geltend machen. Darauf muss sich der Arbeitgeber eingerichtet haben. Weiterhin muss dem Arbeitgeber die Zeugnisausstellung nach Treu und Glauben unter Berücksichtigung der Umstände des Einzelfalles nicht mehr zumutbar sein. Zeitmoment und Umstandsmoment dürfen dabei nicht isoliert, sondern können nur in engem Zusammenhang gesehen werden; der Schwerpunkt liegt beim Umstandsmoment. Die Rechtsprechung hat bisher Verwirkung bei einem Untätigkeitszeitraum ab 10 bis 12 Monaten angenommen (vgl. LAG Hamm, Urteil v. 17.12.1998, 4 Sa 1337/98, NZA-RR 1999, 459; LAG Köln, Urteil v. 8.2.2000, 13 Sa 1050/99, NZA-RR 2001, 130; LAG Hamm, Urteil v. 3.7.2002, 3 Sa 248/02, n.v.; das ArbG Frankfurt (15 Ca 10684/03) nahm Verwirkung bereits nach 6 Monaten an).

Die Berufung auf die Einrede der Verwirkung kann dem Arbeitgeber aber dann versagt sein, wenn Personalakten geführt werden und er auf zeugnisspezifische Angaben zurückgreifen kann. Dies gilt so lange, wie er verpflichtet ist, Lohnunterlagen aus steuerlichen Gründen aufzubewahren (bis zum Ablauf des sechsten Kalenderjahres, das auf die zuletzt eingetragene Lohnzahlung folgt) und/oder er Personalakten tatsächlich aufbewahrt.

Wann kann auf den Anspruch verzichtet werden?

Vor Beendigung des Anstellungsverhältnisses kann der Mitarbeiter auf den Anspruch auf Zeugniserteilung nicht verzichten. Gerichtlich ist noch nicht abschließend geklärt, ob nach Beendigung des Anstellungsverhältnisses ein Verzicht rechtlich möglich ist. In den sogenannten Ausgleichsquittungen ist jedenfalls kein Verzicht auf die Erteilung eines Zeugnisses zu sehen, da sich der Mitarbeiter bei Unterzeichnung der Ausgleichsquittung grundsätzlich nicht der Bedeutung eines Zeugnisverzichts bewusst ist.
Neben Verjährung, Verwirkung oder Unmöglichkeit kann der Zeugnisanspruch auch aufgrund von vertraglichen bzw. tariflichen Ausschlussfristen erlöschen. Allgemein gehaltene vertragliche Ausschlussklauseln erfassen jedoch nicht ohne weiteres auch Zeugnisansprüche. Im Einzelfall ist die Formulierung dieser Klauseln sorgfältig zu prüfen.

Vorsicht bei Ausschlussklauseln!

Oft sehen Ausschlussklauseln sehr kurze Fristen vor, innerhalb derer ein Anspruch aus dem Anstellungsverhältnis außergerichtlich oder gerichtlich geltend gemacht werden muss. Diese Frage sollte deshalb umgehend nach Beendigung des Anstellungsverhältnisses geprüft werden.

9 Haben Sie Anspruch auf mehrere Zeugnisse?

Auch wenn ein Manager viele Funktionen hat, gibt es nur ein Zeugnis.

Werden von einem Mitarbeiter verschiedene Funktionen bzw. Aufgabenbereiche nacheinander oder nebeneinander wahrgenommen, sind diese im Endzeugnis insgesamt zu erwähnen. Ein Anspruch auf getrennte Zeugnisse für die jeweiligen Funktionen besteht nicht. Eine Ausnahme gilt nur bei der im Anschluss an die Ausbildung fortgesetzten Beschäftigung gemäß § 8 BBiG.

10 Was kostet ein Streit vor Gericht?

Die Kosten im arbeitsgerichtlichen Verfahren hängen vom sogenannten Gegenstandswert bzw. Streitwert ab.

Wie hoch ist der Streitwert?

Der Streitwert einer Klage auf Erteilung eines qualifizierten Zeugnisses beträgt ein Bruttomonatsgehalt des Anstellungsverhältnisses, aus dem das Zeugnis eingeklagt wird. Bei einer Klage auf Berichtigung eines bereits erteilten Zeugnisses kommt je nach dem Verhältnis der Bedeutung des konkreten Berichtigungsbegehrens zum Gesamtwert des Zeugnisses ein Abschlag von diesem Regelstreitwert in Betracht (vgl. LAG Köln, Beschluss v. 29.12.2000, 8 Ta 299/00, NZA-RR 2001, 324). Wird im Rahmen eines Vergleiches der Anspruch auf Erteilung eines qualifizierten Zeugnisses ohne Festlegung des Zeugnisinhaltes aufgenommen, ist dafür in der Regel ein Betrag von € 300,00 anzusetzen (vgl. LAG Nürnberg, Urteil v. 19.7.2004, 6 Ta 60/04, MDR 2004, 1387).

Wird ein Rechtsanwalt mit der Vertretung im Prozess beauftragt, entstehen für jede Instanz zumindest zwei Rechtsanwaltsgebühren (eineVerfahrensgebühr, eineTerminsgebühr nach unterschiedlichen Gebührensätzen auf Basis eines gesetzlichen Vergütungsverzeichnisses). Wird ein Vergleich geschlossen, kommt eine Einigungsgebühr hinzu. Zusätzlich kann der Rechtsanwalt eine Auslagenpauschale von € 20,00 beanspruchen. Zu diesen Gebühren ist die gesetzliche Umsatzsteuer hinzuzurechnen.

In der ersten Instanz vor dem Arbeitsgericht müssen die eigenen Anwaltsgebühren von jeder Partei selbst getragen werden. Dies gilt auch für den Fall des Obsiegens; die erstinstanzlichen Anwaltsgebühren im Arbeitsgerichtsverfahren werden nicht von der unterlegenen Partei ersetzt.

Wie hoch sind die Gerichtskosten?

Auch für die Höhe der Gerichtskosten kommt es auf den Gegenstandswert/Streitwert an. Für ein normales erstinstanzliches Verfahren vor dem Arbeitsgericht, das durch ein Urteil abgeschlossen wird, entstehen 2 Gebühren; für das Berufungsverfahren vor dem Landesarbeitsgericht grundsätzlich 3,2 Gebühren. Die Gerichtskosten sind je nach Ausgang des Verfahrens anteilig von beiden Parteien oder von einer Partei alleine zu tragen. Es entstehen keine Gerichtskosten, wenn das Verfahren ohne streitige Verhandlung durch einen im Gütetermin abgeschlossenen oder durch einen außergerichtlichen Vergleich beendet wird.

Anwaltsgebühren nach dem Rechtsanwaltsvergütungsgesetz (RVG)

Bruttomonatsgehalt in EURO	1,3 Verfahrensgebühr (§§ 2, 13 RVG i.V.m. Nr. 3100 RVG) (ohne MWSt.)	1,2 Terminsgebühr (§§ 2, 13 RVG i.V.m. Nr. 3104 RVG) (ohne MWSt.)	1 Einigungsgebühr (§§ 2, 13 RVG i.V.m. Nr. 1003 RVG) (ohne MWSt.)
3.000,--	245,--	226,--	189,--
bis 3.500,--	282,--	260,--	217,--
bis 4.000,--	318,--	294,--	245,--
bis 4.500,--	354,--	327,--	273,--
bis 5.000,--	391,--	361,--	301,--
bis 6.000,--	439,--	405,--	338,--
bis 7.000,--	487,--	450,--	375,--
bis 8.000,--	535,--	494,--	412,--
bis 9.000,--	583,--	538,--	449,--
bis 10.000,--	631,--	583,--	486,--
bis 13.000,--	683,--	631,--	526,--

**Gerichtsgebühren
für das arbeitsgerichtliche Verfahren (Auszug)**

Bruttomonatsgehalt (= Streitwert) in EURO bis	1 Gerichtsgebühr (ist mit dem entsprechenden Faktor aus dem Kostenverzeichnis zu multiplizieren)in EURO
3.000,--	89,--
3.500,--	97,--
4.000,--	105,--
4.500,--	113,--
5.000,--	121,--
6.000,--	136,--
7.000,--	151,--
8.000,--	166,--
9.000,--	181,--
10.000,--	196,--
13.000,--	219,--
16.000,--	242,--

11 Faule Tricks bei der Zeugnisausstellung

Manche Arbeitgeber geben sich keine Mühe bei der Gestaltung oder wollen den Mitarbeiter durch das Zeugnis schädigen. Einen solchen Zeugnisaussteller erkennen Sie daran, dass er:

- dem Mitarbeiter ein qualifiziertes Zeugnis verweigert und ihm statt dessen ein einfaches Zeugnis anbietet.
- versucht, den aktuellen Arbeitgeber des Zeugnisempfängers per Telefon darüber aufzuklären, dass ihm Fehler bei der Zeugniserstellung unterlaufen sind. Das hilft dem Mitarbeiter allenfalls für diese eine Stelle weiter, da das Zeugnisdokument, welches ein Leben lang und somit auch für weitere Bewerbungen gültig ist, unverändert bleibt.
- versucht, Ihr Zeugnis zu widerrufen. Nur wenn bestimmte Voraussetzungen gegeben sind, z.B. schwerwiegende Unrichtigkeiten,

ist das möglich (LAG Hamm, Urteil v. 1.12.1994, 4 Sa 1540/94, LAGE Nr. 25 zu § 630 BGB). Achtung: schwebende Verfahren und nicht eindeutig bewiesene Tatbestände gehören nicht dazu. Beraten Sie sich als klagewilliger Zeugnisempfänger zuerst mit einem erfahrenen Rechtsanwalt.
- in einem qualifizierten Arbeitszeugnis Formulierungen wählt, die mehrdeutig ausgelegt werden können und problematische Beurteilungskategorien so knapp wie nur möglich abhandelt.
- auf ein Register positiv anmutender Formulierungen zurückgreift, die in Wirklichkeit Negatives aussagen. Die Rede ist hier vom sogenannten ‚Geheimcode'. Viele Standardcodierungen sind mittlerweile in Büchern und im Internet nachzulesen und daher vor Gericht durchaus anfechtbar. Dennoch gibt es dreiste Zeugnisaussteller, die Ihnen durch den Einsatz dieser Formulierungen Schaden zufügen können.

12 Welche Verschlüsselungstechniken gibt es?

Der Geheimcode ist längst geknackt.

Über den ‚Geheimcode' ist viel geschrieben worden. Dies vorweg: Die meisten Experten gehen davon aus, dass es einen wirklichen Geheimcode nicht gibt. Das wird schon darin deutlich, dass mittlerweile eine beachtliche Anzahl von verklausulierten Formulierungen bekannt ist, der ‚Geheimcode' also keinesfalls mehr geheim ist.
Sprechen wir daher lieber von Verschlüsselungstechniken, die Außenstehenden, also vornehmlich Zeugnisempfängern, nicht in der erforderlichen Tiefe bekannt sind. Dies sind die beliebtesten:
- Notwendiges fehlt: Bei der Chefsekretärin fällt der Hinweis zur Selbständigkeit unter den Tisch, bei der Führungskraft fehlt jeglicher Hinweis auf das Vertrauensverhältnis zu seinen Untergebenen, beim Verkäufer das Verhältnis zu seinen Kunden usw.
- Entwertungen: Mitarbeiter werden abgewertet, indem man unwichtige Aufgabenbereiche besonders betont oder unwichtige Aufgaben zuerst benennt. Wenn z.B. der Einkäufer für „Büromaterial, Werkzeuge und Maschinen" zuständig war, dann klingt dies anders als die Zuständigkeit für „Maschinen, Werkzeuge und

Büromaterial". Ebenso kritisch ist eine Nennung der Verhaltensmerkmale vor der Leistung.

- Betonte Selbstverständlichkeiten: Wenn Nebensächlichkeiten und Selbstverständlichkeiten, wie z.B. das gepflegte Äußere eines Firmenrepräsentanten, besonders hervorgehoben werden, ist Misstrauen angesagt.
- Einschränkungen: Formulierungen wie „Bei uns galt er als Experte", oder „Im Fachverband X schätzte man ihre Kompetenz" (anderswo allerdings nicht) sind typische Beispiele hierfür.
- Mehrdeutigkeiten: Sie sind die am schwersten zu entdeckende und zu verifizierende Verschlüsselungstechnik. Hier einige Beispiele: Wird von der beurteilten Person nur im Passiv gesprochen („wurde versetzt..., ...wurde damit betraut..., ...wurde (dann) von uns eingesetzt in..."), so kann dies auf einen passiven Mitarbeiter hinweisen. Vielleicht aber manifestiert sich darin nur das ungeschickte Deutsch des Zeugnisausstellers.
  Mehrdeutige Adjektive u. Adverbien werden ebenfalls gerne eingesetzt, wie z.B.: anspruchsvoll (war nie zufrieden), kritisch (mäkelte andauernd herum), leistungswillig (sie wollte, aber sie schaffte es nicht), kommunikationsbereit (sie redete ständig mit ihren Kollegen) usw.
- Aussagen, die eine eindeutige und am allgemeinen Maßstab orientierte Beurteilung vermissen lassen: „die ihm eigene Genauigkeit", „die für sie typische Vorgehensweise", „sprechen für sich selbst" usw.
- Formulierungen, die eine Bereitschaft ausdrücken, aber nichts über den Erfolg aussagen.
- Verneintes Gegenteil: „nicht unbedeutende Ergebnisse", „nicht unerhebliche Erfolge", „war nicht zu beanstanden" sind typische Beispiele für diese Technik.
- Knappheit: Dies gilt nicht für Arbeitszeugnisse, erst recht nicht für Zeugnisse von Führungskräften. Sehr knappe Zeugnisse erwecken den Eindruck, dass etwas verheimlicht werden soll.

Die häufigsten Standardphrasen

Nuancen entscheiden über den Sinn

In einem Zeugnis heißt es: „Der Mitarbeiter war mit „Fleiß und Interesse“ bei der Sache, was sich in „glänzenden Ergebnissen widerspiegelte“. Erst wenn die zweite Aussage fehlt, handelt es sich bei der Formulierung um eine codierte Aussage (er war eifrig bei der Sache, nur das Ergebnis stimmte nie). Und selbst dann ist nicht gesagt, dass hier Willkür vorliegt. Vielleicht war der Zeugnisaussteller ungeschickt und hatte einfach kein Gespür für die Doppel- und Feinsinnigkeiten der deutschen Zeugnissprache.

Im Zweifel fragen Sie nach!

Achten Sie immer auf den Zusammenhang, in dem Formulierungen stehen. Sollten Ihnen Sätze oder Ausdrücke merkwürdig vorkommen, suchen Sie das persönliche Gespräch!

13 Der Geheimcode – 40 Phrasen und was sie bedeuten

Eines vorweg: Nicht immer bedeuten die folgenden Formulierungen wirklich etwas Negatives. Es kommt immer auf den Kontext an. Bedenklich wird es dann, wenn sie einzeln erscheinen und nicht näher spezifiziert werden.

■ Sie hat alle Arbeiten mit großem Fleiß und Interesse erledigt.	Sie war zwar fleißig und interesiert, aber nicht erfolgreich.
■ Er machte sich stets mit großem Eifer an die ihm übertragenen Aufgaben.	Er war zwar sehr eifrig, aber sein Erfolg ließ zu wünschen übrig.
■ Sie hatte/zeigte stets Verständnis für ihre Arbeit.	Sie leistete keine gute Arbeit.
■ Er war stets (nach Kräften) bemüht, die Arbeiten zu unserer vollen Zufriedenheit zu erledigen.	Er hat sich angestrengt, aber Erfolg hatte er nicht.

▪ Die Aufgaben, die wir ihr übertrugen, hat sie zu unserer Zufriedenheit erledigt.	Sie erledigte wirklich nur die Aufgaben, die man ihr explizit auferlegte. Ansonsten blieb sie passiv, war also allenfalls Durchschnitt.
▪ Sie erledigte alle Aufgaben pflichtbewusst und ordnungsgemäß.	Sie war zwar pflichtbewusst, es mangelte ihr jedoch an Initiative.
▪ Er arbeitete mit größter Genauigkeit.	Er war ein erbsenzählender, langsamer und unflexibler Pedant.
▪ Sie verstand es, alle Aufgaben stets mit Erfolg zu delegieren.	Sie drückte sich vor der Arbeit, wo sie nur konnte.
▪ Die angebotenen Leistungen lagen stets im Bereich seiner Fähigkeiten.	Seine Fähigkeiten waren sehr schlecht, weshalb er dem Unternehmen nichts brachte.
▪ Sie hat unseren Erwartungen im Wesentlichen entsprochen.	Ihre Leistungen waren schlichtweg mangelhaft.
▪ Sie zeigte sich den Belastungen gewachsen.	Sie war nicht besonders, allenfalls ausreichend belastbar.
▪ Er war seinen Mitarbeitern jederzeit ein verständnisvoller Vorgesetzter.	Er war nicht durchsetzungsfähig und besaß keine Autorität.
▪ Sie koordinierte die Arbeit ihrer Mitarbeiter und gab klare Anweisungen.	Sie beschränkte sich auf Anweisen und Delegieren.
▪ Sein Verhalten gegenüber Kollegen und Vorgesetzten war stets vorbildlich.	Er hatte Probleme mit seinen Vorgesetzten (weil diese im Satz erst nach den Kollegen erwähnt werden).
▪ Er hat alle Aufgaben zu seinem und im Interesse der Firma gelöst.	Er beging Diebstahl und/oder schwere andere Unkorrektheiten.
▪ Sie war sehr tüchtig und wusste sich gut zu verkaufen.	Sie war eine impertinente Wichtigtuerin.
▪ Im Umgang mit Kollegen und Vorgesetzten zeigte er durchweg eine erfrischende Offenheit	Er war immer sehr vorlaut.
▪ Durch ihre Geselligkeit/ihre gesellige Art trug sie zur Verbesserung des Betriebsklimas bei.	Sie neigt zu übertriebenem Alkoholgenuss
▪ Für die Belange der Belegschaft bewies er stets (großes) Einfühlungsvermögen	Er flirtete heftig und war ständig auf der Suche nach Sexualkontakten.

▪ Für die Belange der Mitarbeiter hatte sie ein umfassendes Verständnis.	Sie war homosexuell bzw. lesbisch.
▪ Seine umfangreiche Bildung machte ihn stets zu einem gesuchten Gesprächspartner	Bildung hin oder her – er war geschwätzig und führte lange Privatgespräche im Dienst.
▪ Sie trat sowohl innerhalb als auch außerhalb unseres Unternehmens engagiert für die Interessen der Kolleginnen und Kollegen ein.	Sie war im Betriebsrat tätig bzw. sie hat sich gewerkschaftlich betätigt.
▪ Seine Auffassungen wusste er intensiv zu vertreten.	Er besaß ein übersteigertes Selbstbewusstsein.
▪ Sie zeichnete sich insbesondere dadurch aus, dass sie viele Verbesserungsvorschläge zur Arbeitserleichterung machte.	Die Vorschläge waren aber nicht erfolgreich, denn von einer Umsetzung ist hier nicht die Rede.
▪ Er setzte sich im Rahmen seiner Fähigkeiten ein.	Seine Fähigkeiten waren sehr begrenzt.
▪ Sie verfügte über Fachwissen und ein gesundes Selbstvertrauen.	Sie überspielte geringes Fachwissen mit einer großen Klappe.
▪ Wir bestätigen gerne, dass er mit Fleiß, Ehrlichkeit und Pünktlichkeit an seine Aufgaben herangegangen ist.	Ihm fehlte die fachliche Qualifikation.
▪ Vorgesetzten und Mitarbeitern gegenüber war sie durch seine aufrichtige und anständige Gesinnung eine angenehme Mitarbeiterin.	Ihr mangelte es an Tüchtigkeit.
▪ Er hat an allen ihm gestellten Aufgaben mit großem Fleiß gearbeitet.	Leider hatte er dabei nie Erfolg.
▪ Die ihr gemäßen Aufgaben...	Die anspruchslosen Aufgaben...
▪ Im Kollegenkreis galt er als toleranter Mitarbeiter.	Gegenüber den Vorgesetzten war er dies nicht.
▪ Wir lernten sie als umgängliche Kollegin kennen.	Viele sahen sie lieber gehen als kommen.
▪ Aufgrund seiner anpassungsfähigen und freundlichen Art war er im Betrieb sehr beliebt.	Er hatte Alkoholprobleme während der Arbeitszeit.

■ Neue Aufgaben betrachtete sie als Herausforderung, der sie sich mutig stellte.	Sie hatte aber keinen Erfolg.
■ Er hatte Gelegenheit, sich das notwendige Fachwissen anzueignen.	Er nutze die Gelegenheit jedoch nicht.
■ Bei unseren Kunden war sie schnell beliebt.	Sie machte schnell Zugeständnisse.
■ Bei allen auftretenden Problemen war er stets kompromissbereit.	Er war besonders nachgiebig.
■ Unsere besten Wünsche begleiten sie / Wir wünschen ihr für die Zukunft alles nur erdenklich Gute / Wir wünschen ihr alles Gute, vor allem Gesundheit.	Die Gegenwart und Vergangenheit waren offenbar nicht von Erfolg bestimmt.
■ Wir wünschen ihm für den weiteren Weg in einem anderen Unternehmen viel Erfolg.	Möge er dort den Erfolg haben, der ihm hier versagt geblieben ist.
■ Wir wünschen ihm auf seinem künftigen Lebensweg viel Erfolg.	Er hatte bisher wenig Erfolg.

3 Worauf müssen beide Seiten achten?

1 Welche gesetzlichen Regelungen gibt es zur Erstellung eines Zeugnisses?

Vom Gesetzgeber wurden folgende Regelungen aufgestellt:

- Ein Mitarbeiter hat Anspruch auf ein schriftliches Zeugnis bei Beendigung eines Anstellungsverhältnisses.
- Mindestinhalt des Zeugnisses sind Angaben zu Art und Dauer der Tätigkeit (einfaches Zeugnis).
- Auf Verlangen des Mitarbeiters muss das einfache Zeugnis um Angaben zur Leistung und zum Verhalten ergänzt werden (qualifiziertes Zeugnis).
- Das Zeugnis muss klar und verständlich formuliert sein.
- Das Zeugnis darf keine Merkmale oder Formulierungen enthalten, die den Zweck haben, eine andere als aus der äußeren Form oder aus dem Wortlaut ersichtliche Aussage über den Mitarbeiter zu treffen.
- Ein Zeugnis darf nicht in elektronischer Form erteilt werden.

Die Rechtsgrundlagen für den Zeugnisanspruch des ausscheidenden Mitarbeiters sind in § 630 BGB, § 109 GewO (für Auszubildende: § 8 BBiG) sowie in ggf. einschlägigen tariflichen Bestimmungen enthalten.

2 Welche Zeugnisarten gibt es und wann muss es erteilt werden?

Wir müssen hinsichtlich Umfang und Inhalt grundsätzlich zwischen einem einfachen und einem qualifizierten Zeugnis unterscheiden.

- Das einfache Zeugnis muss mindestens Angaben zu Art und Dauer der Tätigkeit enthalten. Aussagen zur Leistung und zur Führung werden im einfachen Zeugnis nicht getroffen.
- Das qualifizierte Zeugnis enthält neben den Angaben zur Art und Dauer der Tätigkeit auch Ausführungen zur Leistung und zum Verhalten/zur Führung des Mitarbeiters über die gesamte Dauer des Anstellungsverhältnisses.

Im Hinblick auf den Erstellungszeitpunkt wird jedoch noch einmal unterschieden, und zwar zwischen einem

- Zwischenzeugnis,
- vorläufigen Zeugnis und dem eigentlichen
- Endzeugnis.

Das einfache bzw. das qualifizierte Zeugnis kann jeweils als Zwischenzeugnis, vorläufiges Zeugnis oder Endzeugnis ausgestellt werden.

Der Mitarbeiter kann sich entscheiden

Der Mitarbeiter sollte wissen, welches Zeugnis er benötigt.

Der Mitarbeiter hat ein Wahlrecht, ob er ein einfaches oder ein qualifiziertes Zeugnis wünscht. Wurde dem Mitarbeiter ohne seinen ausdrücklichen Wunsch ein qualifiziertes Zeugnis ausgestellt, kann er es zurückweisen und ein einfaches Zeugnis verlangen.
Umstritten ist, ob ein Wechsel der Zeugnisart möglich ist. Dies betrifft Fälle, in denen der Mitarbeiter zunächst nur ein einfaches Zeugnis verlangt, zu einem späteren Zeitpunkt aber ein qualifiziertes Zeugnis erstellt haben möchte, sowie auch den entgegengesetzten Fall. Experten meinen, dass unter dem Gesichtspunkt der nachwirkenden Fürsorgepflicht des Arbeitgebers keine Bedenken gegen die Erteilung eines Zweitzeugnisses bestehen, wenn dies der beruflichen Entwicklung des Mitarbeiters dient. Von manchen wird aber auch die Auffassung vertreten, dass der Mitarbeiter nicht nachträglich ein einfaches Zeugnis verlangen kann, wenn ihm zunächst auf seinen Wunsch ein qualifiziertes Zeugnis erteilt wurde.

Wann gibt es das Zwischenzeugnis?

Das Zwischenzeugnis wird während des Bestehens des Anstellungsverhältnisses erteilt. Inhaltlich entspricht das Zwischenzeugnis dem Endzeugnis und kann als einfaches oder qualifiziertes Zeugnis ausgestellt werden.
Ein Zwischenzeugnis ist auf Wunsch des Mitarbeiters dann zu erteilen, wenn ein berechtigtes Interesse vorliegt. Dieses berechtigte Interesse wurde bisher bei folgenden Gründen anerkannt:

- vom Arbeitgeber in Aussicht gestellte Kündigung;
- eigener Stellenwechsel;
- Änderungen im Arbeitsbereich wie Versetzung oder Wechsel des Vorgesetzten;
- Insolvenz;
- Bewerbungen;
- Fort- und Weiterbildung;
- längere Arbeitsunterbrechung infolge Erziehungsurlaub, Wehr- oder Zivildienst;
- Vorlage bei Gerichten, Behörden;
- für Kreditanträge und bei einem
- Betriebsübergang gemäß § 613 a BGB.

Wann gibt es das vorläufige Zeugnis?

Das vorläufige Zeugnis ist eigentlich ein Endzeugnis, das wegen der noch bevorstehenden Beendigung des Anstellungsverhältnisses ausdrücklich als „vorläufiges Zeugnis“ erteilt wird und dem Mitarbeiter bereits während der Kündigungsfrist ermöglicht sich zu bewerben. Bei Beendigung des Anstellungsverhältnisses wird das vorläufige Zeugnis dann gegen das Endzeugnis ausgetauscht.

Wann gibt es das Endzeugnis?

Das Endzeugnis wird bei Beendigung des Anstellungsverhältnisses erteilt. Ein Mitarbeiter hat spätestens bei Ablauf der Kündigungsfrist Anspruch auf ein Endzeugnis. So legt es das Bundesarbeitsgericht fest. Dies gilt auch dann, wenn Kündigungsschutzklage erhoben wurde und die Beendigung des Anstellungsverhältnisses damit bei

Ablauf der Kündigungsfrist rechtlich noch ungeklärt ist (vgl. BAG, Urteil v. 27.2.1987, 5 AZR 710/85, DB 1987, 1845).

Kann man vorzeitig ein Endzeugnis verlangen?

Ein Mitarbeiter, der gekündigt hat und sich umgehend nach einer neuen Stelle umsehen will, benötigt ein Endzeugnis für Bewerbungen. Eigentlich hat er aber erst bei Beendigung des Anstellungsverhältnisses Anspruch darauf. Was ist in diesem Fall zu tun?

Das sagen Experten

Der Anspruch des Mitarbeiters ist bereits bei Ausspruch einer Kündigung bzw. dem Abschluss eines Aufhebungsvertrages zu bejahen. Bei befristeten Anstellungsverhältnissen, für deren Beendigung es einer Kündigung nicht bedarf, entsteht der Anspruch auf Erteilung eines Zeugnisses ab dem Zeitpunkt, welcher der gesetzlichen Kündigungsfrist gemäß § 622 BGB entsprechen würde.

3 Ist ein Zwischenzeugnis bindend?

Vom Zwischenzeugnis bis zum Endzeugnis vergeht einige Zeit. Kann der Arbeitgeber im Endzeugnis andere Bewertungen vornehmen als im Zwischenzeugnis? Mit der Ausstellung eines Zwischenzeugnisses entsteht für den Arbeitgeber hinsichtlich des beurteilten Zeitraumes des Anstellungsverhältnisses eine gewisse Bindungswirkung. Der Arbeitgeber kann bei gleicher Beurteilungslage also nicht seine im Zwischenzeugnis zum Ausdruck gekommenen Bewertungen im Schlusszeugnis ändern. Was bedeutet aber gleiche Beurteilungslage?

Das sagt die Rechtsprechung

Bei einem fünfjährigen Anstellungsverhältnis geht die Rechtsprechung davon aus, dass die Beurteilungslage gleich geblieben ist, wenn das Schlusszeugnis nur zehn Monate nach dem Zwischenzeugnis verfasst wurde (vgl. LAG Köln, Urteil v. 22.8.1997, 11 Sa 235/97, NZA 1999, 771).

Welche Änderungen sind möglich?

Es darf keine Änderungen in der Beurteilung geben.

Handelt es sich bei den Änderungen durch den Arbeitgeber in Wahrheit um Abweichungen in der Bewertung (z.B. nur „volle Zufriedenheit" statt „vollste Zufriedenheit"), kann er dazu verurteilt werden, in das Schlusszeugnis die Formulierungen des Zwischenzeugnisses zu übernehmen.
Der Arbeitgeber kann sich auch nicht darauf berufen, dass der Autor des Zwischenzeugnisses für das Schlusszeugnis nicht mehr zur Verfügung stand, sofern der Autor des Zwischenzeugnisses im Rahmen seiner Befugnisse gehandelt hatte und den Arbeitgeber auch wirksam vertreten konnte.
Andererseits muss ein Mitarbeiter ein Endzeugnis, das auf einem Zwischenzeugnis beruht und nicht den gesetzlichen Anforderungen entspricht, nicht deshalb akzeptieren, weil er das in gleicher Weise mangelhafte Zwischenzeugnis nicht beanstandet hat (vgl. BAG Urteil v. 26.6.2001, 9 AZR 392/00, NZA 2002, 34).

4 Können Sie auch bei kurzfristiger Tätigkeit ein Zeugnis verlangen?

Auch in diesem Fall kann ein Zeugnis verlangt werden. Die gesetzlichen Regelungen in § 630 BGB, § 109 GewO differenzieren nicht nach der Dauer des Anstellungsverhältnisses. Der Mitarbeiter kann bei kurzer Beschäftigungsdauer sogar ein qualifiziertes Zeugnis verlangen. Allerdings sind nur die wesentlichen Tätigkeiten des Mitarbeiters im Zeugnis aufzuführen; der Mitarbeiter hat keinen Anspruch auf eine ausführliche Tätigkeitsbeschreibung mit unwesentlichen Tätigkeitsmerkmalen (vgl. Arbeitsgericht Frankfurt a.M., Urteil v. 8.8.2001, 7 Ca 8000/00, NZA-RR 2002, 182).

Leistung und Führung sind auch zu bewerten.

Es ist nicht zulässig, ein Zeugnis allein über die Leistung oder allein über die Führung auszustellen (vgl. LAG Köln, Urteil v. 30.3.2001, 4 Sa 1485/00, BB 2001, 1959). Auch bei nur kurzzeitiger Beschäftigung muss deshalb der Arbeitgeber auf Verlangen des Mitarbeiters eine Bewertung nach Leistung und Führung im qualifizierten Zeugnis aufnehmen. Das ist natürlich nicht ganz unproblematisch: Führung und Leistung können in der Regel erst nach einer gewissen Beobachtungszeit beurteilt werden.

Was tun, wenn die Beurteilung schwerfällt?

Je nach den Umständen des Falles sollte der Arbeitgeber zum Ausdruck bringen, dass er wegen der kurzen Beschäftigungszeit von einer Führungs- und Leistungsbeurteilung absehen müsse oder, dass er keine negativen Anmerkungen zum Führungs- und Leistungsverhalten zu machen habe.

Exkurs: Auslandseinsatz – Was ist bei Zeugnissen zu beachten?

Ein gesteigertes Engagement der deutschen Unternehmen im Ausland führt immer häufiger zu Auslandseinsätzen von deutschen Mitarbeitern. Ausland ist dabei nicht gleich Ausland – ob der Einsatz z.B. im europäischen Ausland erfolgt oder in Asien, ob es sich um einen langen oder nur einen kurzen Einsatz handelt, hat Einfluss auf die Beurteilung und den Inhalt des Zeugnisses. Ein wichtiger Punkt ist auch die Frage, wer zur Ausstellung des Zeugnisses (meist wird es sich um ein Zwischenzeugnis über den Auslandseinsatz handeln) verpflichtet ist.

Hier kommt es darauf an, zu wem das Arbeitsverhältnis bestand, in dessen Rahmen der Auslandseinsatz durchgeführt wurde. Für den Auslandseinsatz kann man dabei folgende drei Hauptformen unterscheiden:

3. Das Entsendungsmodell, bei dem im Rahmen eines bestehenden Anstellungsverhältnisses mit dem deutschen Arbeitgeber eine Zusatzvereinbarung über den Auslandseinsatz getroffen wird;
4. Das Versetzungsmodell, bei dem das Anstellungsverhältnis mit dem deutschen Arbeitgeber ruht und ein befristeter Anstellungsvertrag mit einem ausländischen Unternehmen abgeschlossen wird;
5. Das Übertrittsmodell, bei dem das Anstellungsverhältnis mit dem deutschen Arbeitgeber aufgelöst wird und nur noch der Anstellungsvertrag mit dem ausländischen Unternehmen existiert.

Gilt deutsches Recht oder ausländisches?

Beim *Entsendungsmodell* (s.o.) ist der deutsche Arbeitgeber zur Ausstellung des (Zwischen-)Zeugnisses über den Auslandseinsatz nach deutschem Recht verpflichtet.
Beim *Versetzungsmodell* (s.o.) und beim *Übertrittsmodell* (s.o.) ist der Arbeitgeber für den Auslandseinsatz das ausländische Unternehmen, welches das Zeugnis ausstellen muss. Hier spielt das auf das Anstellungsverhältnis anzuwendende Recht eine maßgebliche Rolle: Findet deutsches Recht Anwendung, so muss das Zeugnis entsprechend den deutschen Anforderungen erstellt werden. Kommt ausländisches Recht zur Anwendung, dann kann ein Zeugnis – soweit die jeweilige Rechtsordnung dies überhaupt vorsieht – nur nach den jeweiligen nationalen Regelungen verlangt werden.

Italien, Spanien, Großbritannien USA

Sehr persönlicher Charakter

So gibt es z.B. in Italien, Spanien, Großbritannien sowie USA keinen allgemeinen gesetzlichen Anspruch auf ein Zeugnis wie im deutschen Recht, und es hat sich in diesen Ländern auch keine entsprechende allgemeinverbindliche Praxis für die Zeugniserstellung etabliert. Hier werden Zeugnisse oder Referenzen auf Wunsch des Mitarbeiters dann oft vom direkten Vorgesetzten im eigenen Namen sowie mit sehr persönlichem Charakter erstellt, und man gibt bereitwillig auf Nachfrage des potentiellen neuen Arbeitgebers auch weitere Auskünfte über den Mitarbeiter.

Telefonischer Kontakt
In diesen Ländern nehmen generell die potentiellen neuen Arbeitgeber bei Bewerbungen häufiger den telefonischen Kontakt zum früheren Arbeitgeber auf, um sich Informationen über den Bewerber zu verschaffen.

Großbritannien

In Großbritannien gibt es für Unternehmen des Finanzsektors eine Regelung im Financial Services Authority's Supervision Source Book (SUP, § 10.13.12, beruhend auf dem Financial Services and Markets Act 2002), nach der diese Unternehmen unter bestimmten Umständen verpflichtet sind, untereinander auf Anforderung bestimmte Informationen über Mitarbeiter mitzuteilen.

USA

In den USA gibt es im Bundesrecht keine allgemeine Rechtspflicht, einem ausgeschiedenem Mitarbeiter ein Zeugnis auszustellen. In einzelnen Bundesländern existieren unterschiedliche Regelungen zu sog. „service letters"; hier kann der Mitarbeiter von seinem früheren Arbeitgeber eine schriftliche Bestätigung zu bestimmten Punkten seines früheren Anstellungsverhältnisses verlangen. Generell haben die Arbeitgeber in den USA einen breiten Gestaltungsspielraum für die Erstellung von Zeugnissen. Aufgrund des Risikos einer möglichen Haftung gegenüber dem Mitarbeiter wegen Defamierung beschränken sich jedoch die Arbeitgeber meist auf wenige Informationen zur bisherigen Beschäftigung des Mitarbeiters.

Inhalte eines Zeugnisses in den USA

Allgemein beinhalten Zeugnisse in den USA Informationen zu folgenden Punkten:

- die Beschäftigungszeit und die Ausbildung des Mitarbeiters
- die Einschätzung der Persönlichkeit und des Charakters des Mitarbeiters
- die Einschätzung der Fähigkeiten und Fertigkeiten des Mitarbeiters
- eine Aussage dazu, ob der Arbeitgeber den Mitarbeiter wieder einstellen oder weiterbeschäftigen würde

Antidiskriminierung

Soweit ein Arbeitgeber eine Richtlinie für die Ausstellung von Zeugnissen für sein Unternehmen aufstellt, muss diese Richtlinie die Gleichbehandlung nach Rasse, Hautfarbe, Religion, Geschlecht oder nationaler Herkunft gewährleisten (vgl. § 703 Civil Rights Act of 1964, 42 U.S.C. 2000e-"(a)(1)(1988)). Bei diskriminierender oder ungleicher Behandlung von Mitarbeitern setzt sich der Arbeitgeber einer Haftung gegenüber dem betroffenem Mitarbeiter aus.

Frankreich

Ähnliche Regeln wie in Deutschland

Dagegen gibt es in Frankreich ähnlich wie in Deutschland auch gesetzlich geregelte Pflichten des Arbeitgebers für die Erstellung eines Arbeitszeugnisses. Nach Art. L 122-16 des französischen Arbeitsgesetzes ist der Arbeitgeber bei Beendigung des Anstellungsverhältnisses verpflichtet, dem Arbeitnehmer ein Arbeitszeugnis auszuhändigen. Der Grund für die Kündigung des Anstellungsverhältnisses spielt hierbei keine Rolle. Der neue Arbeitgeber kann die Vorlage des Arbeitszeugnisses verlangen, insbesondere um sicherzustellen, dass der Mitarbeiter verfügbar ist.

Was auf jeden Fall enthalten sein muss

Folgende Angaben sind für ein französisches Zeugnis zwingend:

- Name, Adresse und Firma des Arbeitgebers
- Name und Vorname des Mitarbeiters
- Tag der Einstellung des Mitarbeiters (einschließlich Probezeit, Beginn der Lehre/Ausbildung und der rechtlichen Änderungen, die möglicherweise innerhalb des Unternehmens eingetreten sind)
- Austrittsdatum (letzter Tag der Kündigungsfrist, ungeachtet dessen, ob diese erfüllt wird oder nicht)
- Art der ausgeübten Tätigkeit (d.h., die genaue Beschreibung der Pflichten des Mitarbeiters, sofern eine solche Beschreibung für die Definition der Beschäftigung erforderlich ist)

Freiwillige Angaben

Alle weiteren Angaben sind freiwillig. Allerdings müssen im Falle weiterer Angaben folgende, von der Rechtsprechung festgelegte, Kriterien beachtet werden:

- Die Angaben dürfen nicht diskriminierend oder dazu geeignet sein, dem Mitarbeiter zu schaden.
- Ein Wettbewerbsverbot darf ohne die Zustimmung des Mitarbeiters nicht im Arbeitszeugnis aufgeführt sein.

Holschuld

Das Arbeitszeugnis ist wie in Deutschland eine Holschuld und keine Bringschuld, d.h. der Arbeitgeber muss das Zeugnis für den Mitarbeiter bereit halten. In der Praxis wird das Zeugnis dem Mitarbeiter häufig zusammen mit den übrigen Dokumenten (Ausgleichsquittung, letzte Gehaltsabrechnung, Bescheinigung für die französische Arbeitslosenversicherung ASSEDIC etc.) zugeschickt, wenn der Mitarbeiter das Unternehmen bereits verlassen hat.

Zeugnisanspruch
Zur Durchsetzung des Zeugnisanspruchs kann der in Frankreich existierende paritätische Schiedsausschuss für arbeitsrechtliche Einzelstreitigkeiten – wie auch die Schlichtungsstelle im Rahmen ihrer richterlichen Befugnisse – als zuständige Stelle den Erlass einstweiliger Verfügungen unter Androhung eines Zwangsgeldes zur Aushändigung des Arbeitszeugnisses anordnen.

Schadensersatz
Der Arbeitgeber kann zur Leistung von Schadensersatz und Zinsen an den Mitarbeiter verpflichtet sein, wenn das Arbeitszeugnis nicht den gesetzlichen Bestimmungen entspricht und dem Mitarbeiter in diesem Zusammenhang ein Schaden entstanden ist. (Cass. soc., 7. Dezember 1957, Bull. civ. IV, S. 843). Dieser Schaden beschränkt sich für den Mitarbeiter nicht auf die Schwierigkeiten, denen er bei der Suche nach einer neuen Beschäftigung eventuell begegnet.
Nach Art. R. 152-1 des französischen Arbeitsgesetzes wird eine Verletzung des Art. L 122-16 des französischen Arbeitsgesetzes mit einer Geldstrafe vierter Klasse, d.h. EUR 750,00, geahndet.

In welcher Sprache wird das Zeugnis ausgestellt?
Hinsichtlich der Sprache kann man von einem ausländischen Arbeitgeber generell nur ein in der jeweiligen nationalen Sprache abgefasstes Zeugnis erwarten; erfolgt die allgemeine Kommunikation im Unternehmen auf Englisch, dann wird in der Regel das Zeugnis auch in dieser Kommunikationssprache abgefasst.

Nationale Gepflogenheiten akzeptieren

Unabhängig von der Frage, ob deutsches Recht auf ein Anstellungsverhältnis mit einem ausländischen Unternehmen Anwendung findet oder nicht – es dürfte schwer fallen, einem ausländischen Arbeitgeber die Grundsätze und Formulierungen des deutschen Zeugnisrechts nahezubringen; noch dazu, wenn die ausländische Sprache keine entsprechend adäquaten Formulierungen zur deutschen Zeugnissprache kennt. Hier sollten deshalb die jeweiligen nationalen Gepflogenheiten akzeptiert werden.

5 Kann der Arbeitgeber ein Zeugnis zurückbehalten?

Der Arbeitgeber hat kein Recht, wegen etwaiger Gegenansprüche aus dem Anstellungsverhältnis (z.B. Rückzahlung von Fortbildungskosten) das Zeugnis zurückzubehalten. Hier steht der durch die Zurückbehaltung des Zeugnisses möglicherweise beim Mitarbeiter verursachte Schaden nicht im Verhältnis zu den Ansprüchen des Arbeitgebers.

6 Welche Form muss das Zeugnis haben?

Ein Zeugnis soll der beruflichen Karriere dienen. Form und Inhalt des Zeugnisses werden von diesem Zweck bestimmt. Ein Zeugnis muss sowohl hinsichtlich der äußeren Form als auch Wortwahl den im Geschäftsverkehr üblichen und von Dritten erwarteten Gepflogenheiten entsprechen. Ein Zeugnis muss schriftlich ausgestellt werden.

Das sagt der Gesetzgeber

Ein Zeugnis kann nicht in elektronischer Form auserteilt werden. Dies wird nach den gesetzlichen Regelungen in § 630 BGB, § 109 GewO ausdrücklich ausgeschlossen.

Welche sprachlichen Standards sind einzuhalten?

Die Zeugnissprache ist deutsch. Das Zeugnis muss klar und verständlich formuliert sein und darf keine Merkmale oder Formulierungen enthalten, die den Zweck haben, eine andere als aus der äußeren Form oder aus dem Wortlaut ersichtliche Aussage über den Mitarbeiter zu treffen (vgl. § 109 Abs. 2 GewO).
Ein Zeugnis muss immer maschinenschriftlich bzw. mit dem PC und auf dem für die Geschäftskorrespondenz üblichen Geschäftspapier erstellt sein (vgl. BAG, Urteil v. 3.3.1993, 5 AZR 182/92, DB 1993, 1624).

- Verwendet der Arbeitgeber einen weißen Bogen für das Zeugnis, so sind die volle Firmenbezeichnung, Rechtsform und die derzeitige Anschrift anzuführen.
- Wird Geschäftspapier verwendet, darf das Anschriftenfeld nicht ausgefüllt werden.
- Äußere Mängel des Zeugnisses wie Flecken, Durchstreichungen, Textverbesserungen u.ä. können vom Mitarbeiter zurückgewiesen werden.
- Schreibfehler müssen berichtigt werden, wenn sie negative Folgen für den Mitarbeiter haben können (vgl. Arbeitsgericht Düsseldorf, Urteil v. 19.12.1984, 6 Ca 5682/84, NZA 1985, 812).
- Unzulässig sind Ausrufungs- oder Fragezeichen, Gänsefüßchen, Unterstreichungen oder teilweise Hervorhebungen durch Fettschrift.

Falten ist erlaubt.

Das Bundesarbeitsgericht hat es als unbedenklich und nicht als ein unzulässiges Geheimzeichen angesehen, wenn der Arbeitgeber dem Mitarbeiter das Zeugnis übersendet und es deshalb faltet, um den Zeugnisbogen in einem Briefumschlag üblicher Größe versenden zu können. Voraussetzung ist allerdings, dass das Zeugnis kopierfähig ist, d.h. auf den Ablichtungen dürfen sich die Knicke des Zeugnisbogens nicht durch Schwärzungen abzeichnen (vgl. BAG, Urteil v. 21.9.1999, 9 AZR 893/98, NZA 2000, 257).

7 Wie ist mit Persönlichkeitsmerkmalen umzugehen?

Außer dem Namen, Vornamen und akademischem Grad ist auf Verlangen des Mitarbeiters auch das Geburtsdatum bzw. die Anschrift in das Zeugnis aufzunehmen, um eventuelle Verwechslungen bei Namensgleichheit ausschließen zu können.
Die Anrede ist „Herr“ und „Frau“, es sei denn, die Bezeichnung „Fräulein“ wird von der Mitarbeiterin ausdrücklich gewünscht.

8 Wie ist das Datum zu handhaben?

Jedes Zeugnis muss ein Ausstellungsdatum tragen, dies ist regelmäßig der Tag der tatsächlichen Erstellung des Zeugnisses.

Meist wird das Datum des Vertrags angegeben.

In der Praxis wird bei der Datumsangabe weitgehend das Datum der Beendigung des Anstellungsverhältnisses eingesetzt, auch wenn das Endzeugnis vor oder nach der rechtlichen Beendigung des Anstellungsverhältnisses ausgestellt wurde. Dies ist ein Ausfluss des Grundsatzes der wohlwollenden Zeugniserstellung, da ein Ausstellungsdatum, das der rechtlichen Beendigung des Anstellungsverhältnisses nicht entspricht, zu nicht gerechtfertigten negativen Schlussfolgerungen führen kann. Bei einer nachträglichen Änderung (etwa aufgrund eines gerichtlichen Zeugnisstreites) erhält das berichtigte Zeugnis wieder das Datum des ursprünglichen Zeugnisses (vgl. BAG Urteil v. 9.9.1992, 5 AZR 509/91, NZA 1993, 698).

Wenn der Arbeitgeber die Ausstellung des Endzeugnisses über längere Zeit hinaus ungerechtfertigt verzögert, darf er das verspätete Ausstellungsdatum ebenfalls nicht angeben. Auch in solchen Fällen ist das Datum der Beendigung des Anstellungsverhältnisses zu verwenden.

9 Wie wird unterschrieben?

Es genügen weder ein Faksimile noch eine kopierte Unterschrift, so dass eine Zeugniserteilung per E-Mail oder per Telefax oder durch eine Kopie nicht zulässig ist. Auch eine Paraphe (Namenszeichen) als Unterschrift reicht unter einem Zeugnis nicht aus.

Das sagt der Gesetzgeber

Die gesetzlich vorgeschriebene Schriftform für die Zeugnisausstellung verlangt den eigenhändig geschriebenen Namen des Unterzeichners unter seiner Erklärung (§ 126 Abs. 1 BGB).

Eine (unüblich) überdimensionierte, im Wesentlichen aus bloßen Auf- und Abwärtslinien bestehende Unterschrift ist nicht ordnungsgemäß, wenn dadurch der Verdacht aufkommen kann, der Arbeitgeber wolle sich von dem Zeugnisinhalt distanzieren (vgl. LAG Nürnberg, Beschluß v. 29.7.2005, 4 Ta 153/05, n.v.). Da die bloße Unterschrift häufig nicht entziffert werden kann und das Zeugnis nicht anonym ausgestellt werden soll, bedarf die Unterschrift des Ausstellers zusätzlich der maschinenschriftlichen/gedruckten Namensangabe unter dem Zeugnistext. Neben der Unterschrift sind auch Ort und Datum der Zeugnisausstellung anzugeben.

Genügt die Unterzeichnung nicht den gesetzlichen Anforderungen, ist das Zeugnis formal unvollständig. Die entsprechende Ergänzung des Zeugnisses, d.h. die zutreffende Unterzeichnung durch den Aussteller, ist im Vollstreckungsverfahren durchzusetzen, denn die Ausstellung eines nicht ordnungsgemäßen Zeugnisses ist einer Nichterfüllung des Zeugnisanspruches gleichzusetzen (vgl. LAG Hamm, Urteil v. 28.3.2000, 4 Sa 1588/99, NZA 2001, 576).

Die Unterzeichnung spielt eine sehr wichtige Rolle.

10 Dürfen auch andere das Zeugnis ausstellen?

Der Arbeitgeber ist nicht verpflichtet, das Zeugnis selbst oder durch sein gesetzliches Vertretungsorgan zu fertigen und unterzeichnen zu lassen. Hier genügt die Unterzeichnung durch einen unternehmensangehörigen Vertreter des Arbeitgebers, der die Verantwortung für die fachliche Beurteilung übernehmen kann (vgl. BAG Urteil v. 4.10.2005, 9 AZR 507/04, n.v.). Im Zeugnis ist deutlich zu machen, dass dieser Vertreter dem Mitarbeiter gegenüber weisungsbefugt bzw. übergeordnet war (vgl. BAG Urteil v. 26.6.2001, 9 AZR 392/00, NZA 2002, 34).

Dabei sind auch das Vertretungsverhältnis und die Funktion des Unterzeichners anzugeben. Der Grund: Erstens lässt sich an der Person und dem Rang des Unterzeichnenden die Wertschätzung des Mitarbeiters ablesen. Zweitens zeugt ein kompetenter Aussteller für die Richtigkeit der im Zeugnis getroffenen Aussagen. Seinen Zweck als Bewerbungsunterlage kann das Zeugnis nur erfüllen, wenn es von einem „erkennbar Ranghöheren“ ausgestellt ist. Das Vertretungsverhältnis kann mit dem Zusatz ppa. oder i.V. kenntlich gemacht werden.

Achten Sie auf den Rang!

Es genügt nicht, wenn das Arbeitszeugnis eines Mitarbeiters, der Gesamtprokurist und direkt der Geschäftsleitung unterstellt war, lediglich von einem Mitglied der Geschäftsleitung unterzeichnet wird. Die Position des Ausstellers als Mitglied der Geschäftsleitung ist im Zeugnis zusätzlich ausdrücklich zu nennen. Bei leitenden Angestellten wird in der Regel das Zeugnis von einem Mitglied des gesetzlichen Vertretungsorgans unterzeichnet.

Hat der Arbeitgeber den Zeugnisanspruch des Mitarbeiters nicht ordnungsgemäß erfüllt und haben sich die gesetzlichen Vertretungsverhältnisse des Arbeitgebers in der Zwischenzeit geändert, bleibt es dennoch grundsätzlich bei der Verpflichtung des Arbeitgebers, die früheren Vertretungsverhältnisse in das Zeugnis aufzunehmen.

Geschäftsführung oder Geschäftsleitung?

Oft sind Führungskräfte nicht der Geschäftsführung, sondern der „Geschäftsleitung" unterstellt. Üblicherweise setzt sich die Geschäftsführung ausschließlich aus den gesetzlichen Vertretern des Arbeitgebers zusammen (bei der GmbH: die Geschäftsführer, bei der AG: die Vorstände). Unter dem Begriff der „Geschäftsleitung" wird üblicherweise ein größerer Personenkreis erfasst, der verantwortliche Entscheidungen im Unternehmen treffen kann. Besteht eine Unterstellung unter die Geschäftsleitung, hat der betreffende Mitarbeiter keinen Anspruch darauf, dass ein Mitglied der Geschäftsführung, d.h. ein vertretungsberectigtes Organ, das Zeugnis unterschreibt.

Unzulässig ist es, das Arbeitszeugnis durch einen nicht im Unternehmen des Arbeitgebers angestellten Vertreter ausstellen zu lassen (z.B. durch einen Rechtsanwalt).

11 Wie muss ein qualifiziertes Arbeitszeugnis aufgebaut sein?

Die folgende Tabelle zeigt, welche Elemente ein qualifiziertes Zeugnis in der Regel enthalten muss (vgl. LAG Hamm, Urteil v. 1.12.1994, 4 Sa 1631/94, LAGE Nr. 28 zu § 630 BGB):

Bestandteile eines qualifizierten Arbeitszeugnisses	ja	nein
■ Firmenbogen mit Firmenbriefkopf und Angaben zum Arbeitgeber		
■ Überschrift (Schlusszeugnis, Zwischenzeugnis, vorläufiges Zeugnis, Ausbildungszeugnis)		
■ Eingangsformel: Personalien des Mitarbeiters, akademische Titel		
■ Dauer des Anstellungsverhältnisses: Vordienst- und Ausbildungszeiten, Beschäftigungsunterbrechungen		
■ Aufgabenbeschreibung: Art der Tätigkeit, hierarchische Position, berufliche Entwicklung im Unternehmen		
■ Leistungsbeurteilung: Können, Wollen, Ausdauer, Einsatz, Erfolg, Potential		
■ Herausragende Erfolge oder Ergebnisse: Patente, Verbesserungsvorschläge		
■ Zusammenfassende Leistungsbeurteilung: Zufriedenheitsaussage		
■ Führungsleistung (bei Vorgesetzten): Motivation, Abteilungsleitung, Arbeitsklima		
■ Verhaltensbeurteilung: Vertrauenswürdigkeit, Verantwortungsbereitschaft		
■ Sozialverhalten: Verhalten zu Vorgesetzten, Gleichgestellten, Mitarbeitern, Dritten (z.B. Kunden)		
■ Beendigungsmodalität bei Schlusszeugnis		
■ Zeugniserteilungsgrund bei Zwischenzeugnis		
■ Schlussformel (bei Schlusszeugnis): Dank, Bedauern, Zukunftswünsche		
■ Aussteller: Ort, Datum, Name des Ausstellers in maschinenlesbarer Form, Vertretungszusatz, Original-Unterschrift.		

Checkliste auch auf der CD-ROM

12 Wie bewerten Sie (sich)?

Mit der Bewertung sind wir an einem wichtigen Knackpunkt eines qualifizierten Arbeitszeugnisses angelangt. Um überprüfbar – also systematisch und immer aufgrund der gleichen Basis – zu urteilen, orientiert sich die Rechtsprechung an folgenden drei Kriterien und sechs Hauptmerkmalen. Inhaltlich muss das qualifizierte Zeugnis eine

- wahrheitsgemäße,

- nach sachlichen Maßstäben ausgerichtete und
- nachprüfbare Gesamtbewertung

der Leistung und Führung des Mitarbeiters enthalten (vgl. LAG Düsseldorf, Urteil v. 2.7.1976, 9 Sa 727/76, DB 1976, 2310).

Leistung wird an sechs Merkmalen gemessen.

Unter Leistung wird dabei die berufliche Einsatzmöglichkeit des Mitarbeiters verstanden, die folgende sechs Hauptmerkmale einschließt:

- Arbeitsbefähigung (Können),
- Arbeitsbereitschaft (Wollen),
- Arbeitsvermögen (Ausdauer),
- Arbeitsweise (Einsatz),
- Arbeitsergebnis (Erfolg) und
- Arbeitserwartung (Potential).

Einzelbeurteilungen und Schlussnote müssen sich decken.

Werden die einzelnen Leistungen eines Mitarbeiters im Zeugnis ausnahmslos mit „sehr gut" und die Tätigkeit darüber hinaus als „sehr erfolgreich" bewertet, so ist damit eine Gesamtbeurteilung mit der Formulierung, der Mitarbeiter habe seine Aufgaben „immer zu unserer vollen Zufriedenheit gelöst" (das entspräche der Note 2) unvereinbar. Der bescheinigten sehr guten Leistung in den Einzelbeurteilungen entspricht nur die zusammenfassende Beurteilung „zur vollsten Zufriedenheit" (BAG, Urteil v. 23.9.1992, 5 AZR 573/91, EZA Nr. 16 zu § 630 BGB).

Welche Noten können Sie (sich) geben?

In der Praxis und verschiedenen Zeugnishandbüchern wird für die zusammenfassende Schlussnote oft zur Abstufung eine sechsstufige Notenskala (sehr gut, gut, befriedigend, ausreichend, mangelhaft, ungenügend) verwendet. Die Rechtsprechung hat dies um eine Zwischenstufe für „voll befriedigende Leistungen" erweitert und folgende siebenstufige Notenskala vorgeschlagen (vgl. LAG Hamm, Urteil v. 13.2.1992, 4 Sa 1077/91, LAGE Nr. 16 zu § 630 BGB):
Der Mitarbeiter hat die ihm übertragenen Aufgaben:

Note 1	■ stets zu unserer vollsten Zufriedenheit erledigt	= sehr gute Leistungen
Note 2	■ stets zu unserer vollen Zufriedenheit erledigt	= gute Leistungen
Note 3	■ zu unserer vollen Zufriedenheit erledigt	= voll befriedigende Leistungen
Note 4	■ stets zu unserer Zufriedenheit erledigt	= befriedigende, durchschnittliche Leistungen
Note 5	■ zu unserer Zufriedenheit erledigt	= ausreichende, unterdurchschnittliche Leistungen
Note 6	■ im großen und ganzen zu unserer Zufriedenheit erledigt	= mangelhafte Leistungen
Note 7	■ zu unserer Zufriedenheit zu erledigen versucht	= unzureichende Leistungen.

Wann geben Sie „sehr gut"?

Eine Leistungsbewertung mit „sehr gut" erfolgt dann, wenn der Mitarbeiter seine Arbeit ohne jede Beanstandung erbracht hat und darüber hinaus besonders auszeichnende Umstände vorliegen wie z.B. die Entwicklung neuer Ideen oder die schnellere Erledigung der Aufgaben.

Der Mitarbeiter hat einen gesetzlichen Anspruch (§ 630 BGB, § 109 GewO) auf ein leistungsgerechtes Zeugnis, d.h. eine durchschnittliche Bewertung, wenn es keine Beanstandungen seiner Arbeitsleistung gab. Den Arbeitnehmer trifft dann die Darlegungs- und Beweislast, wenn er eine bessere, überdurchschnittliche Bewertung wünscht; den Arbeitgeber dagegen, wenn er eine schlechtere, unterdurchschnittliche Bewertung erteilt (vgl. LAG Köln, Urteil v. 2.7.1999, 11 Sa 255/99, NZA-RR 2000, 235; BAG, Urteil v. 14.10.2003, DB 2004, 1270). Welche Formulierung die sogenannte Mitte darstellt und damit den Durchschnitt angibt, hängt auch von der verwendeten Notenskala ab. Hier ist der Arbeitgeber frei, welches Beurteilungssystem er heranzieht. Eine Abstufung der Bewertungen kann durch das für die Beurteilung besonders wichtige Zeitmoment („stets", „immer" oder „jederzeit") geschehen, mit dem der Arbeitgeber die Beständigkeit der Leistungen charakterisiert.

Wie beurteilen Sie die Führungskompetenz?

Unter „Führung“ wird im Zeugnisrecht das Sozialverhalten, die Kooperations- und Kompromissbereitschaft, das Führungsverhalten und der Führungsstil des Mitarbeiters verstanden. Erwartet wird hier ein zusammenfassendes Urteil über die Eigenschaften und das gesamte dienstliche Verhalten des Mitarbeiters; es geht im Kern um das betriebliche Zusammenwirken, sein Verhalten zu Vorgesetzten, gleichgeordneten sowie nachgeordneten Mitarbeitern und auch gegenüber Kunden.
Bei Führungskräften ist die Führungsleistung als Grundelement des qualifizierten Zeugnisses die Qualität der Mitarbeiterführung eines Vorgesetzten. Je nach Führungsebene ist hier eine Reihe von Merkmalen wichtig.

Betriebsklima: Ist die Fluktuationsrate gesunken?

Lange Betriebszugehörigkeit der Mitarbeiter spricht für eine gute Führungskraft.

Wichtig ist bei der Beurteilung des Führungsergebnisses, dass das Zeugnis sowohl dazu Stellung nimmt, wie sich die Führung auf die Motivation der Mitarbeiter (Betriebsklima) auswirkt, als auch auf die Leistung der Mitarbeiter (Arbeitsergebnis).
So lässt z.B. die Senkung der Fluktuationsrate oder der Abwesenheitsquote auf ein gutes Betriebsklima schließen. Stets zu beurteilen ist die Durchsetzungskraft der Führungskraft, denn fehlendes Durchsetzungsvermögen ist ein Zeichen von Führungsschwäche (vgl. LAG Hamm, Urteil v. 27.4.2000, 4 Sa 1018/99, BB 2001, 629).
Für die Einordnung von Formulierungen zur Bewertung des Führungsverhaltens hat sich – ähnlich wie bei der Leistungsbeurteilung – eine differenzierende Formulierungspraxis entwickelt. Im Interesse der wohlwollenden Zeugniserteilung werden abgestufte positive Formulierungen mit bewussten Auslassungen als „beredtem“ Schweigen kombiniert, um (eindeutige) negative Aussagen zu vermeiden. Die Rechtsprechung hat folgende Abstufung der Beurteilung zum Verhalten gegenüber Vorgesetzten und Kollegen vorgeschlagen (vgl. LAG Hamm, Urteil v. 8.7.1993, 4 Sa 171/93, Quelle: Juris Rechtsdatenbanken):

Sein/Ihr Verhalten zu Vorgesetzten, Arbeitskollegen ...

... war stets vorbildlich	= sehr gute Führung
... war vorbildlich	= gute Führung
... war stets einwandfrei/korrekt	= voll befriedigende Führung
... war einwandfrei/korrekt	= befriedigende Führung
... war ohne Tadel	= ausreichende Führung
...gab zu keiner Klage Anlass	= mangelhafte Führung
... über ihn/sie ist uns Nachteiliges nicht bekannt geworden	= unzureichende Führung

In der Praxis hat sich eine leicht modifizierte Abstufung der Führungsbewertung herausgebildet (vgl. dazu auch unten S. 90 ff.). Derartige zusammenfassende Bewertungen haben allerdings nur einen geringen Informationswert, wenn das Zeugnis nicht entsprechende Erläuterungen/Kommentare enthält.

13 Muss der Arbeitgeber das Zeugnis zusenden?

Der Mitarbeiter muss sein Zeugnis selbst abholen. Wie bei allen anderen Papieren ist das Zeugnis eine Hohlschuld im Sinne des § 269 Abs. 2 BGB. Wird vom Arbeitgeber das rechtzeitig verlangte Zeugnis jedoch nicht bis spätestens zum letzten Tag des Ablaufs der Kündigungsfrist mit den anderen Arbeitspapieren zur Abholung bereit gehalten, muss es der Arbeitgeber auf seine Gefahr und Kosten dem Mitarbeiter übersenden. Versäumt es der Mitarbeiter, ein bereit gehaltenes Zeugnis abzuholen, kann er vom Arbeitgeber nicht die Übersendung verlangen, sondern muss das Zeugnis selbst abholen.

Wenn die Abholung mit Problemen verbunden ist

Angenommen der Mitarbeiter hat seinen Wohnsitz inzwischen an einen weiter entfernten Ort verlegt. In solchen Fällen kann der Arbeitgeber im Rahmen der nachwirkenden Fürsorgepflicht zur Übersendung des Zeugnisses verpflichtet sein. Die Abholung des Zeugnisses wäre nämlich für den Mitarbeiter mit unverhältnismäßig hohen Kosten oder besonderen Mühen verbunden (vgl. LAG Frankfurt, Urteil v. 1.3.1984, 10 Sa 858/83, DB 1984, 2200).

4 Die Zeugnisbestandteile in Textbausteinen

1 Tätigkeitsbeschreibung und Vollmachten

Alle Textbausteine finden Sie auch auf CD-ROM

Die Tätigkeitsbeschreibung gibt Aufschluss über alle Aufgaben und Verantwortlichkeiten, die eine Führungskraft erledigt bzw. innehat. Sie muss so detailliert sein, dass sich ein – allerdings fachkundiger – Dritter ein Bild vom Zeugnisempfänger machen kann.
Dabei wird jede Veränderung im Tätigkeitsbereich dokumentiert. Wenn also der Zeugnisempfänger eine lange Karriere im Unternehmen hinter sich gebracht hat, so ist beispielsweise von einem mehrfachen Wechsel der Position oder einer schrittweisen Erweiterung der Verantwortung auszugehen. Folglich muss jeder Karriereschritt im Zeugnis angegeben werden. Wenn die Tätigkeitsbeschreibung mehrere Karriereabschnitte detailliert behandelt, so sollte die beschriebene hierarchische Ordnung innerhalb jedes Abschnitts eingehalten werden.

Wichtiges immer zuerst!

Die Tätigkeitsbeschreibung sollte die wichtigsten Tätigkeiten zuerst und dann die weniger wichtigen Aufgaben nennen. Vergleichsweise unwichtige oder gar irrelevante Tätigkeiten sind nicht anzuführen.

Wie ausführlich ist die Tätigkeit darzustellen?

Der Umfang der Tätigkeitsbeschreibung kann höchst unterschiedlich ausfallen. Stilistisch gesehen sind Fließtext, stichpunktartige Aufzählung oder eine Mischung aus Beidem zulässig. Auch Zahlenmaterial (Mitarbeiter, Umsatz, etc.) kann, soweit dies der Arbeitgeber zulässt, eingefügt werden.

Bei bestimmten Fällen, etwa einer de facto außerbetrieblichen, aber vom Betrieb geförderten Weiterbildungsmaßnahme, können auch Tätigkeiten und Erfolge, die nicht unmittelbar mit dem innerbetrieblichen Aufgabengebiet zusammenhängen, erwähnt werden.

2 Fachwissen (mit Textbausteinen)

Das Fachwissen spielt bei Führungskräften eine immer geringere Rolle, insbesondere je höher sie in der Hierarchie stehen.
Allerdings muss das Fachwissen im Zeugnis durchaus gewürdigt werden, denn gänzlich ohne fachspezifische Kenntnisse kann selbst ein Top-Manager nicht erfolgreich arbeiten. Es bleibt dem Zeugnisaussteller überlassen, ob er das Fachwissen mit einem Standardsatz abhandelt, oder ob er eine aufgeschlüsselte Übersicht der im weitesten Sinne fachlichen Kompetenzen bietet.

Was bedeutet Fachwissen heute?

Die Bedeutung des Wortes „Fachwissen" hat sich in den letzten Jahren verändert, insbesondere wenn es in Bezug auf die mittlere bis obere Führungsebene verwendet wird. Fachwissen kann hier beispielsweise mit Branchenkenntnissen, Prozess-Know-how oder Marktkenntnis gleichgesetzt werden.

Kernsatz zum Fachwissen

Sollte sich der Zeugnisaussteller für die detaillierte Aufschlüsselung der Fachkenntnisse entscheiden, so darf er sich natürlich auch nicht in Kleinigkeiten oder Unwichtigem verlieren. In jedem Fall sollte das Zeugnis immer einen Kernsatz zur Beurteilung des Fachwissens enthalten, wie z.B.:

Textbausteine zum Fachwissen	
Sehr gut	■ Herr XY verfügt über umfassende und vielseitige Fachkenntnisse, auch in Randbereichen. ■ Frau XY besitzt ein äußerst fundiertes und breites Fachwissen, das sich bis in die Nebenbereiche hinein erstreckt.

	▪ Herr XY beherrscht sein Arbeitsgebiet umfassend (hervorragend; vollkommen; fachlich souverän) und kennt sich mit allen Prozessen und Gegebenheiten des Unternehmens bestens (sehr gut) aus.
Gut	▪ Herr XY verfügt über umfassende und vielseitige Fachkenntnisse. ▪ Frau XY besitzt ein äußerst fundiertes und breites Fachwissen, das sich bis in die Nebenbereiche hinein erstreckt. ▪ Herr XY beherrscht sein Arbeitsgebiet sehr sicher und kennt sich mit allen Prozessen und Gegebenheiten des Unternehmens gut aus.
Befriedigend	▪ Frau XY verfügt über solide Fachkenntnisse.
Ausreichend	▪ Herr XY verfügt über ein solides Grundwissen in seinem Arbeitsbereich
Mangelhaft/ Ungenügend	▪ Herr XY verfügt über entwicklungsfähige Kenntnisse seines Arbeitsbereichs. ▪ Frau XY hatte Gelegenheit, sich die erforderlichen Kenntnisse ihres Arbeitsbereichs anzueignen.

3 18 Kernkompetenzen (jeweils mit Textbausteinen)

Im Beruf – ob Wirtschaft oder öffentlicher Dienst – ist längst nicht mehr nur das reine Fachwissen von Bedeutung. Immer wichtiger werden Fähigkeiten, die es dem Mitarbeiter ermöglichen, sich schnell und erfolgreich auf neue Situationen, Managementanforderungen, Wissensinhalte oder Teamzusammensetzungen einzustellen. Diese Fähigkeiten werden als Kernkompetenzen, Schlüsselqualifikationen oder Soft-Skills bezeichnet, wobei insbesondere der Begriff „Soft-Skills" irreführend sind. ‚Soft', also weich, sind diese Fähigkeiten nämlich in der Tat nicht. Wir bleiben daher bei dem Begriff der Kernkompetenz. Hinter Kernkompetenzen verbirgt sich ein Bündel von

- Fähigkeiten,
- Qualifikationen,
- Wissensbeständen und Handlungsmustern,

die jeder braucht, der in der modernen Arbeitswelt erfolgreich sein möchte.

Während für ausgewiesene Fachkräfte und Spezialisten insbesondere die fachspezifischen Kernkompetenzen zählen, sind für Führungskräfte eher die management- und führungsbezogenen allgemeinen Kernkompetenzen wichtig, die sich keinem bestimmten Beruf oder fachlichen Einsatzgebiet zuordnen lassen. Diese Kernkompetenzen garantieren die permanente Handlungsfähigkeit der Führungskraft in der sich beschleunigt verändernden und globalisierenden Arbeitswelt.

Kernkompetenzen im Management sind unverzichtbar.

Typische Kernkompetenzen

Da es allerdings keine verbindliche Klassifizierung von Kernkompetenzen gibt, haben wir uns an unseren langjährigen Erfahrungen orientiert und 18 typische Kernkompetenzen samt beispielhafter Ausformulierung herausgestellt. Diese Aufzählung kann und sollte in der Praxis jedoch ausgeweitet und die einzelnen Beispielsätze nicht isoliert übernommen, sondern in einen flüssigen Zeugnistext eingewoben werden.

Um End- und Zwischenzeugnis zu würdigen, wurden die Textbausteine teilweise in der Vergangenheitsform, teilweise in der Gegenwartsform verfasst. Innerhalb eines Zeugnisses kann für zeitlose Charaktereigenschaften, Persönlichkeitsmerkmale und Wissensbestände die Gegenwartsform gewählt werden. Dieses Muster ist dann aber einzuhalten.

3.1 Fachkönnen

Sehr gut	■ Herr XY setzte seine sehr guten Fachkenntnisse stets sicher und zielgerichtet in der Praxis ein. ■ Frau XY setzte ihre (ausgezeichneten) Fachkenntnisse jederzeit adäquat und sehr ergebnisorientiert in ihrem Tagesgeschäft um.
Gut	■ Herr XY setzte seine guten Fachkenntnisse jederzeit sicher und zielgerichtet in der Praxis ein. ■ Frau XY setzte ihre Fachkenntnisse jederzeit adäquat und ergebnisorientiert in ihrem Tagesgeschäft um.
Befriedigend	■ Herr XY setzte seine (guten) Fachkenntnisse sicher und zielgerichtet in der Praxis ein.

Ausreichend	■ Frau XY setzte ihre Fachkenntnisse auf zufriedenstellende Weise in der Praxis ein.
Mangelhaft/ Ungenügend	■ Herr XY setzte seine Fachkenntnisse im Wesentlichen sicher und zielgerichtet in der Praxis ein. ■ Frau XY bemühte sich, ihre Fachkenntnisse auf zufriedenstellende Weise in der Praxis einzusetzen.

3.2 Organisations-, Planungs- und Projektmanagementkompetenz

Sehr gut	■ Herr XY plante alle Prozesse (Projekte) stets (sehr) sorgfältig, legte sinnvolle Meilensteine fest und garantierte eine konsequente Umsetzung. ■ Frau XYs (Projekt-)Management ist gekennzeichnet von sehr sorgfältiger Planung, strukturierten (sinnvollen) Prozessschritten und konsequenter (zielgerichteter) Umsetzung.
Gut	■ Herr XY plante alle Prozesse (Projekte) stets sorgfältig, legte sinnvolle Meilensteine fest und garantierte eine konsequente Umsetzung. ■ Frau XYs (Projekt-)Management ist gekennzeichnet von sorgfältiger Planung, strukturierten (sinnvollen) Prozessschritten und konsequenter (zielgerichteter) Umsetzung.
Befriedigend	■ Herr XY plante alle Prozesse (Projekte) sorgfältig und hielt auch die Umsetzung nach.
Ausreichend	■ Frau XY plante alle Prozesse (Projekte) im Vorhinein und hielt auch die Umsetzung nach.
Mangelhaft/ Ungenügend	■ Herr XY bemühte sich, alle Prozesse (Projekte) sorgfältig zu planen auch die Umsetzung nachzuhalten.

3.3 Problemlösungsfähigkeit

Sehr gut	■ Herr XY ist in der Lage, auch schwierige Situationen sofort zutreffend zu erfassen und schnell richtige Lösungen zu finden. ■ Aufgrund ihres ausgeprägten analytischen Denkvermögens (Analysevermögens) und ihrem Sinn für die Praxis fand Frau XY auch für schwierigste Probleme schnell effektive (sehr gute) Lösungen, die wir (sie) stets gewinnbringend umsetzte(n).
Gut	■ Herr XY überblickte schwierige Zusammenhänge, erkannte das Wesentliche und zeigte schnell (gute, praktikable) Lösungen auf, die wir (er) stets (gewinnbringend, effektiv) umsetzte(n).
Befriedigend	■ Frau XY erkannte das Wesentliche und zeigte schnell für alle Beteiligten zufriedenstellende Lösungen auf, die (sie) wir stets (mit Erfolg) in die Praxis umsetzte(n).
Ausreichend	■ Herr XY erkannte das Wesentliche und zeigte schnell für alle Beteiligten zufriedenstellende Lösungen auf.
Mangelhaft/ Ungenügend	■ Herr XY erkannte mit Unterstützung des Vorgesetzten das Wesentliche und zeigte im Wesentlichen zufriedenstellende Lösungen auf.

3.4 Auffassungsgabe

Sehr gut	■ Herr XY verfügt über eine sehr/ (äußerst) schnelle Auffassungsgabe. ■ Dank ihrer sehr (äußerst) schnellen Auffassungsgabe überblickt Frau XY auch komplexe Zusammenhänge (schwierigste Situationen) sofort.
Gut	■ Herr XY verfügt über eine schnelle Auffassungsgabe. ■ Dank ihrer schnellen Auffassungsgabe überblickt Frau XY auch komplexe Zusammenhänge (schwierige Situationen) sofort.
Befriedigend	■ Herr XY verfügt über eine stets zufriedenstellende Auffassungsgabe.
Ausreichend	■ Frau XY verfügt über eine zufriedenstellende Auffassungsgabe.
Mangelhaft/ Ungenügend	■ Herr XY erkannte mit Unterstützung des Vorgesetzten auch komplexe Zusammenhänge. ■ Frau XY bemühte sich, auch komplexe Situationen zu erkennen.

3.5 Denk- und Urteilsfähigkeit

Sehr gut	■ Aufgrund seines präzisen (geschärften) Urteilsvermögens, kam Herr XY auch in schwierigen Lagen zu einem eigenständigen, abgewogenen und stets zutreffenden Urteil. ■ Besonders hervorzuheben ist ihre Urteilsfähigkeit, die Frau XY auch in schwierig(st)en Lagen zu einem eigenständigen, abgewogenen und zutreffenden Urteil befähigt.
Gut	■ Aufgrund seines präzisen (geschärften) Urteilsvermögens, kam Herr XY auch in schwierigen Lagen zu einem eigenständigen, abgewogenen und zutreffenden Urteil. ■ Ihre Urteilsfähigkeit ist geprägt durch eine klare und logische Gedankenführung, die sie zu sicheren Urteilen befähigt
Befriedigend	■ Seine folgerichtige Denkweise kennzeichnet seine sichere Urteilsfähigkeit in vertrauten Zusammenhängen
Ausreichend	■ In vertrautem Zusammenhang kann sie sich auf ihre Urteilsfähigkeit stützen.
Mangelhaft/ Ungenügend	■ In vertrautem Zusammenhang kann er sich im Wesentlichen auf seine Urteilsfähigkeit stützen.

3.6 Strategisches und unternehmerisches Denken

Sehr gut	■ Herr XY überzeugte jederzeit durch sein ausgeprägtes (hoch entwickeltes) strategisches und unternehmerisches Denken (und Handeln), das er stets zum Wohle des Unternehmens einsetzte).
Gut	■ Frau XY überzeugte jederzeit durch ihr gutes strategisches und unternehmerisches Denken (und Handeln), das sie stets zum Wohle des Unternehmens einsetzte.
Befriedigend	■ Herr XY überzeugte durch sein strategisches und unternehmerisches Denken.
Ausreichend	■ Frau XY konnte auch strategisch und unternehmerisch denken.
Mangelhaft/ Ungenügend	■ Herr XY bemühte sich, auch strategisch und unternehmerisch zu denken.

3.7 Kreativität und Innovationsgeist

Sehr gut	■ Frau XY war Neuem gegenüber stets aufgeschlossen, fand (hatte) jederzeit ausgezeichnete neue, kreative Ideen und überzeugte durch hochinnovative Ansätze.
Gut	■ Herr XY war Neuem gegenüber stets aufgeschlossen, fand (hatte) jederzeit gute, kreative Ideen und überzeugte durch innovative Ansätze.
Befriedigend	■ Frau XY war Neuem gegenüber aufgeschlossen, fand (hatte) gute neue Ideen und innovative Ansätze.
Ausreichend	■ Herr XY war Neuem gegenüber generell aufgeschlossen und konnte seinerseits neue Ideen finden.
Mangelhaft/ Ungenügend	■ Frau XY bemühte sich stets, neue Ideen und innovative Ansätze zu finden.

3.8 Rhetorische Fähigkeiten und Kommunikationsstärke

Sehr gut	■ Frau XY verfügt über ausgezeichnete rhetorische Fähigkeiten (ist sehr kommunikationsstark). Sie drückt sich jederzeit klar aus, ist kontaktfreudig und tritt auch vor großen Gruppen souverän auf.
Gut	■ Herr XY verfügt über gute rhetorische Fähigkeiten (ist sehr kommunikationsstark). Er drückt sich jederzeit klar aus, ist kontaktfreudig und tritt auch vor großen Gruppen sicher auf.
Befriedigend	■ Frau XY drückt sich klar aus, ist kontaktfreudig und kann auch vor großen Gruppen sicher auftreten.
Ausreichend	■ Herr XY drückt sich generell klar aus, ist kontaktfreudig und kann auch vor großen Gruppen auftreten.
Mangelhaft/ Ungenügend	■ Frau XY bemüht sich um eine reibungslose Kommunikation mit allen Ansprechpartnern.

3.9 Verhandlungsgeschick

Sehr gut	■ Aufgrund ihres hervorragenden Verhandlungsgeschicks erzielt Frau XY für alle Beteiligten stets hervorragende Ergebnisse (echte Win-Win-Situationen). Sie stellt sich auf unterschiedlichste Gesprächspartner sehr gut ein und überzeugt durch eine stets kompetente, zielgerichtete Verhandlungsführung.
Gut	■ Aufgrund seines guten Verhandlungsgeschicks erzielt Herr XY für alle Beteiligten gute (zufriedenstellende) Ergebnisse (echte Win-Win-Situationen). Er stellt sich auf unterschiedliche Gesprächspartner gut ein und überzeugt durch eine kompetente, zielgerichtete Verhandlungsführung.
Befriedigend	■ Aufgrund ihres Verhandlungsgeschicks erzielt Frau XY für alle Beteiligten zufriedenstellende Ergebnisse. Sie stellt sich auf ihre Gesprächspartner ein und überzeugt durch eine kompetente, zielgerichtete Verhandlungsführung.
Ausreichend	■ Herr XY ist in der Lage, Verhandlungen zielgerichtet zu unserer Zufriedenheit zu führen.
Mangelhaft/ Ungenügend	■ Frau XY führt Verhandlungen im Wesentlichen zielgerichtet im Rahmen ihrer Möglichkeiten.

3.10 Internationalität

Sehr gut	■ Besonders hervorheben möchten wir, dass sich Frau XY auch im internationalen (und multikulturellen) Umfeld (unseres Konzerns) sehr gut zurechtfindet. Dabei zeigt sie ein hohes Maß an interkultureller Kompetenz und greift sicher auf ihre hervorragenden Englischkenntnisse zurück.
Gut	■ Hervorheben möchten wir, dass sich Herr XY auch im internationalen (und multikulturellen) Umfeld (unseres Konzerns) gut zurecht findet. Dabei zeigt er ein hohes Maß an interkultureller Kompetenz und greift sicher auf seine äußerst soliden (guten) Englischkenntnisse zurück.
Befriedigend	■ Frau XY findet sich auch im Umfeld (unseres Konzerns) gut zurecht und greift dabei sicher auf ihre soliden Englischkenntnisse zurück.
Ausreichend	■ Herr XY ist in der Lage, sich im internationalen Kontext zurechtzufinden und seine Englischkenntnisse einzusetzen.
Mangelhaft/ Ungenügend	■ Frau XY findet sich im Wesentlichen im internationalen Kontext zurecht und setzt ihre Englischkenntnisse ein.

3.11 Arbeitsbereitschaft und Initiative

Sehr gut	■ Herr XY zeigte stets hohe Eigeninitiative, identifizierte sich voll mit seinen Aufgaben sowie dem Unternehmen, wobei er auch durch seine große Einsatzfreude überzeugte.
Gut	■ Frau XY zeigte stets Eigeninitiative, identifizierte sich voll mit ihren Aufgaben sowie dem Unternehmen, wobei sie auch durch ihre gute Einsatzbereitschaft überzeugte.
Befriedigend	■ Herr XY zeigte Eigeninitiative, identifizierte sich mit seinen Aufgaben sowie dem Unternehmen, wobei er auch eine gute Einsatzbereitschaft zeigte.
Ausreichend	■ Frau XY hat der geforderten Einsatzbereitschaft entsprochen.
Mangelhaft/ Ungenügend	■ Frau XY entspricht im Großen und Ganzen der geforderten Einsatzbereitschaft.

3.12 Belastbarkeit

Sehr gut	■ Frau XY war auch stärkstem Arbeitsanfall jederzeit gewachsen. ■ Auch unter stärkster Belastung (unter schwierigsten Arbeitsbedingungen) erzielte Frau XY Ergebnisse von hoher Güte (bewältigte Frau XY alle Aufgaben in hervorragender Weise).
Gut	■ Herr XY war auch starkem Arbeitsanfall jederzeit gewachsen. ■ Auch unter starker Belastung (unter schwierigen Arbeitsbedingungen) erzielte Herr XY Ergebnisse von hoher Güte (bewältigte Herr XY alle Aufgaben in bester Weise).
Befriedigend	■ Frau XY zeigte sich auch starkem Arbeitsanfall gewachsen.
Ausreichend	■ Herr XY ist dem üblichen Arbeitsanfall gewachsen
Mangelhaft/ Ungenügend	■ Frau XY war stets bemüht, den üblichen Arbeitsanfall zu bewältigen.

3.13 Motivation

Sehr gut	■ Frau XY zeichnete sich durch ihre sehr hohe Motivation (Eigenmotivation) (die sie auch auf ihre Kollegen übertrug) aus. ■ Frau XY zeigte stets Eigeninitiative und überzeugte durch ihre große Einsatzbereitschaft.

Gut	Herr XY zeichnete sich durch seine hohe Motivation (Eigenmotivation) (die er auch auf seine Kollegen übertrug) aus. Herr XY zeigte stets Eigeninitiative und eine große Einsatzbereitschaft.
Befriedigend	Frau XY zeigte Eigeninitiative und Einsatzbereitschaft.
Ausreichend	Herr XY hat der geforderten Einsatzbereitschaft entsprochen.
Mangelhaft/ Ungenügend	Frau XY hat sich immer bemüht, der geforderten Einsatzbereitschaft zu entsprechen.

3.14 Zuverlässigkeit

Sehr gut	Frau XY arbeitete stets zuverlässig und sehr genau.
Gut	Herr XY arbeitete stets zuverlässig und genau.
Befriedigend	Frau XY arbeitete zuverlässig und genau.
Ausreichend	Herr XY bewältigte alle entscheidenden Aufgaben zuverlässig.
Mangelhaft/ Ungenügend	Frau XY war den entscheidenden Aufgaben im Großen und Ganzen gewachsen.

3.15 Verantwortungsbewusstsein

Sehr gut	Besonders hervorheben möchten wir Herrn XYs sehr hohes Verantwortungsbewusstsein. Herr XY war jederzeit bereit, auch zusätzliche Verantwortung zu übernehmen.
Gut	Hervorheben möchten wir Frau XYs hohes Verantwortungsbewusstsein. Frau XY war (handelte) immer sehr verantwortungsbewusst.
Befriedigend	Herr XY war (handelte) immer verantwortungsbewusst.
Ausreichend	Frau XY handelte generell verantwortungsbewusst.
Mangelhaft	Herr XY handelte im Großen und Ganzen verantwortungsbewusst.

3.16 Entwicklungs- und Lernbereitschaft

Sehr gut	■ Herr XY erweiterte und vertiefte seine ausgezeichneten Fachkenntnisse (sein Wissen) durch regelmäßige, erfolgreiche Seminarbesuche immer eigeninitiativ und mit persönlichem Interesse.
Gut	■ Frau XY erweiterte und vertiefte ihre guten Fachkenntnisse (ihr Wissen) durch regelmäßige, erfolgreiche Seminarbesuche eigeninitiativ und mit persönlichem Interesse.
Befriedigend	■ Herr XY verfolgte seine fachliche Weiterqualifizierung beständig.
Ausreichend	■ Frau XY nahm unsere Angebote zur Weiterbildung öfters wahr.
Mangelhaft/ Ungenügend	■ Herr XY beteiligte sich gelegentlich an unseren Weiterbildungsmaßnahmen.

3.17 Teamfähigkeit

Sehr gut	■ Frau XY integrierte sich in bester Weise (reibungslos) in unsere Teamstrukturen und förderte aktiv die gute Zusammenarbeit. ■ Frau XY war sehr teamfähig und förderte aktiv die gute Zusammenarbeit.
Gut	■ Herr XY integrierte sich vorbildlich in unsere Teamstrukturen und förderte aktiv die Zusammenarbeit.
Befriedigend	■ Frau XY war teamfähig und förderte die Zusammenarbeit.
Ausreichend	■ Herr XY integrierte sich überwiegend reibungslos in unser Team.
Mangelhaft/ Ungenügend	■ Frau XY fand sich im Großen und Ganzen in unserem Team zurecht.

3.18 Sozialverhalten

Sehr gut	■ Herr XY war wegen seines frischen, verbindlichen und kooperativen Auftretens ein allseits sehr geschätzter Ansprechpartner. ■ Herr XY kam mit allen Ansprechpartnern sehr gut zurecht und begegnete ihnen stets mit seiner freundlichen, offenen und zuvorkommenden Art.

3.18 Sozialverhalten	
Gut	■ Frau XY war wegen ihres frischen, verbindlichen und kooperativen Auftretens eine allseits geschätzte Ansprechpartnerin. ■ Herr XY kam mit allen Ansprechpartnern gut zurecht und begegnete ihnen stets mit seiner freundlichen, offenen und zuvorkommenden Art.
Befriedigend	■ Herr XY war wegen seines freundlichen, höflichen und hilfsbereiten Auftretens ein geschätzter Ansprechpartner.
Ausreichend	■ Frau XY kam mit ihren Kollegen zurecht.
Mangelhaft/ Ungenügend	■ Herr XY bemühte sich stets, mit den Kollegen einen freundschaftlichen und respektvollen Umgang zu pflegen.

4 Führungsleistung (mit Textbausteinen)

Die Führungsverantwortung unterscheidet die Führungskraft von allen anderen Mitarbeitern. Deshalb muss die Führungsverantwortung im Zeugnis beurteilt werden. Sinnvoll ist die Aufspaltung in den Führungsstil und das Führungsergebnis.

Wie werden Führungsstile heute benannt?

Man unterscheidet heute im Wesentlichen die sechs Führungsstile „autoritär", „patriarchalisch", „straff", „kooperativ", „kollegial" und „laisser-faire-mäßig", wobei jedes Unternehmen diese Stile individuell modifiziert bzw. anders benennt.

„Straff" ist derzeit kaum negativ besetzt

Eine absolute Klassifizierung in positiv oder negativ ist hier übrigens schlecht möglich, weil Führungsstile immer auch einer gewissen Mode unterliegen. Man kann jedoch davon ausgehen, dass die extremen Stile „autoritär" und „laisser-faire-mäßig" eher unerwünscht und kontraproduktiv sind. Populär sind die Stile „kooperativ" und „kollegial", auch „straff" ist derzeit kaum negativ besetzt.

Wie lässt sich das Führungsergebnis fassen?

Das Führungsergebnis schlägt sich insbesondere im Team- oder Abteilungsergebnis (etc.) nieder, ist also zunächst eine rein be-

triebswirtschaftliche Größe. Aber auch die Mitarbeiterzufriedenheit, die Personalentwicklungsbereitschaft und die Akzeptanz der Führungskraft spielen hier mit hinein.
Gewürdigt werden sollte auch die Anzahl und Struktur der unterstellten Mitarbeiter. Es ist ein Unterschied, ob man Personalverantwortung für 2000 Leute oder 20 Mitarbeiter hat. Dabei kommt es natürlich auch darauf an, welche Berufsgruppen in welcher Branche einer Führungskraft unterstehen: Trägt man z.B. die Verantwortung für 2000 Fließbandarbeiter oder 20 Top-Berater einer Consulting-Firma? Die Anforderungen sind unterschiedlich.

Wohin mit den unterstellten Mitarbeitern?

Die Angaben zu Anzahl und Zusammensetzung der unterstellten Mitarbeiter können auch in die Tätigkeitsbeschreibung eingegliedert werden bzw. gehen oftmals automatisch aus ihr hervor.

Im Folgenden nennen wir Beispiele, wie die Beurteilung der Führungsleistung formuliert werden kann. Sie können im konkreten Zeugnis natürlich individuell abweichen.

Setzen Sie den Kernsatz bewusst ein!

Wurde auf den Kernsatz der Führungsbeurteilung verzichtet, so deutet das auf die Note ‚mangelhaft' oder ‚ungenügend' hin!

Textbausteine zur Führungsleistung

Sehr gut + kooperativ	■ Herr XY motivierte und überzeugte seine Mitarbeiter durch einen kooperativen Führungsstil. Er war als Vorgesetzter jederzeit voll anerkannt, wobei sein Team unsere hohen Erwartungen nicht nur erfüllte, sondern oftmals sogar übertraf.

Textbausteine zur Führungsleistung

Sehr gut kooperativ	■ Herr XY motivierte und überzeugte seine Mitarbeiter durch einen kooperativen Führungsstil. Er war als Vorgesetzter jederzeit voll anerkannt, wobei sein Team unsere hohen Erwartungen stets erfüllte. ■ Frau XY motivierte ihr Team durch einen kooperativen Führungsstil zu anhaltend sehr guten Ergebnissen, wobei sie als Vorgesetzte jederzeit sehr respektiert wurde. ■ Aufgrund seines kooperativen Führungsstils wurde Herr XY von seinen Mitarbeitern, die unter seiner Regie stets hervorragende Leistungen erzielten, stets sehr anerkannt und respektiert.
Sehr gut straff	■ Frau XY motivierte ihr Team durch einen straffen Führungsstil zu anhaltend sehr guten Ergebnissen, wobei sie als Vorgesetzte jederzeit sehr respektiert wurde. ■ Herr XY besitzt eine natürliche Autorität, genießt das Vertrauen seiner Mitarbeiter und wird von ihnen anerkannt und geschätzt. Er versteht es, seine Mitarbeiter/sein Team sicher einzuschätzen, zu motivieren und zu (anhaltend) sehr guten Leistungen zu führen. ■ Frau XY führt ihr Team straff und dabei sach- und personenbezogen zu sehr guten Leistungen. Sie delegiert Routineaufgaben effektiv, setzt jeden Mitarbeiter entsprechend seiner Fähigkeiten ein und sorgt für dessen berufliche Weiterentwicklung. Daher wird sie (auch) als Führungskraft sehr geschätzt.
Gut (Stil nicht näher bestimmt)	■ Herr XY wird von seinen Mitarbeitern anerkannt und geschätzt, wobei er sie entsprechend ihren Fähigkeiten einsetzt und mit ihnen gute Ergebnisse erzielt. ■ Frau XY überzeugte ihre Mitarbeiter und förderte die Zusammenarbeit. Sie informierte ihr Team, regte Weiterbildungsmaßnehmen an, delegierte Aufgaben und Verantwortung sinnvoll und erreichte so ein hohes Abteilungsergebnis. ■ Herr XY motivierte sein Team zu guten Ergebnissen, wobei er als Vorgesetzter jederzeit sehr respektiert wurde. ■ Frau XYs Team erreichte unter ihrer sach- und personenbezogenen Anleitung jederzeit/stets gute Ergebnisse. Bei Vorgesetzten wie Mitarbeitern fanden ihre Führungsqualitäten volle Anerkennung.

Textbausteine zur Führungsleistung	
Befriedigend	■ Herr XY führte seine Mitarbeiter zielbewusst zu überdurchschnittlichen Leistungen. ■ Frau XY ist jederzeit in der Lage, ihre Mitarbeiter zu motivieren und zu sehr soliden Ergebnissen zu führen.
Ausreichend	■ Herr XY ist in der Lage, seine Mitarbeiter sachgerecht anzuleiten. ■ Frau XY motivierte ihre Mitarbeiter und erreichte so voll befriedigende Leistungen.
Mangelhaft/ Ungenügend	■ Herr XY ist seinen Mitarbeitern ein verständnisvoller Vorgesetzter. ■ Frau XY wird von ihren Mitarbeitern anerkannt und bewältigt im Wesentlichen die ihrer Abteilung vorgegeben Ziele.

Die Führungsleistung wurde nicht beurteilt?

Wird auf die explizite Beurteilung der Führungsleistung im Zeugnis verzichtet, so deutet das auf größere Probleme in diesem Bereich hin. Möglicherweise war die Führungsleistung so schlecht, dass das beredte Schweigen noch die beste, d.h. unverfänglichste Möglichkeit war, auf diesen Punkt einzugehen. Teilweise wird die Beurteilung der Führungsleistung schlicht vergessen, weil Zeugnisse für Führungskräfte in vielen Unternehmen eher eine Ausnahme darstellen. Als Zeugnisempfänger sollte man daher unbedingt auf diesen Punkt achten und ihn notfalls reklamieren.

5 Leistungsbeurteilung (mit Textbausteinen)

Bezüglich der Leistungsbeurteilung sind die folgenden drei Passi besonders bekannt:

1. „zur vollen Zufriedenheit“,
2. „stets zur vollen Zufriedenheit“,
3. „stets zur vollsten Zufriedenheit“.

Auch die Leistungsbeurteilung entspricht einem Notenwert.

In der ersten Beurteilung, die eigentlich die schlechteste ist, wird dem Leser suggeriert, dass der Beurteilte mindestens durchschnittliche Leistungen erbracht hat. Dieser Eindruck stimmt zumindest da-

hingehend, dass in der Tat die schlechteste Beurteilung (1) immerhin noch die Note ‚befriedigend' bescheinigt. Aber: allein die „volle Zufriedenheit" ist keine „gute", sondern nur eine „befriedigende" Leistung.
Die Steigerung erfolgt einerseits durch das Zeitadverb „stets", welches die zeitliche Unbeschränktheit dokumentiert, und andererseits durch die Wörter „vollen" und „vollsten". Die Aussage (2) bedeutet demnach ein ‚gut' und die Aussage (3) das begehrte ‚sehr gut'.
Die Tatsache, dass die „vollste" Zufriedenheit eigentlich grammatikalisch falsch ist, ist hier irrelevant, weil die Zeugnissprache in diesem Punkt einen besonderen Weg wählt. Zwar gibt es Unternehmen, die sich standhaft weigern, die „vollste" Zufriedenheit aus den erwähnten Gründen zu bescheinigen. Ein Zeugnisaussteller, der obige Standardformulierung nutzt, sollte jedoch bei einem „sehr gut" immer die „vollste Zufriedenheit" erwähnen, um Missverständnisse zu vermeiden. Die einzige Alternative wäre eine gänzlich andere Formulierung in sauberem Deutsch, dazu folgen noch zahlreiche Beispiele.

Muss es eigentlich stets „stets" heißen?

Der Zeitfaktor lässt sich auch durch ein „jederzeit", „immer" oder „allzeit" beschreiben. Obwohl alle Wörter in der Alltagssprache synonym verwendet werden, siedeln viele Personaler „stets" am höchsten an. „Jederzeit", „immer" und „allzeit" folgen knapp dahinter. Wer „stets die vollste Zufriedenheit" erreicht hat, kann sich sozusagen auf jede Sekunde seiner Beschäftigungsdauer berufen, dies ist bei den anderen Wörtern nicht ganz der Fall. Allerdings sind die Unterschiede hier tatsächlich marginal. Gravierender ist der komplette Wegfall des Zeitfaktors wie in Beispiel 1, so dass durch dieses beredte Schweigen die zufriedenstellende Leistungen nicht zu jedem Zeitpunkt gegeben war und die Note somit nur maximal „befriedigend" lautet.

Der Zeugnisaussteller kann die Leistungsbeurteilung also durch den Wegfall bzw. die Modifikation des Zeitfaktors („stets", etc.) und durch die Steigerung der Zufriedenheit nivellieren. Hinzu kommt die Möglichkeit, auf die „Zufriedenheit" ganz zu verzichten und die „Erwartungen" oder „Anerkennung", die ihrerseits wieder gesteigert werden können, ins Feld zu führen. Durch dieses Baukastenprinzip ergibt sich eine Vielzahl von Möglichkeiten, die Leistung des Zeugnisempfängers zusammenfassend zu beurteilen.

Textbausteine zur Leistungsbeurteilung	
Sehr gut (+)	■ Wir waren mit seinen Leistungen stets (und) in jeder Hinsicht außerordentlich/äußerst zufrieden. ■ Sie hat unsere (sehr hohen) Erwartungen stets in (aller-) bester Weise erfüllt und teilweise sogar übertroffen.
Sehr gut	■ Er hat die ihm übertragenen/alle Aufgaben stets zur vollsten Zufriedenheit erfüllt. ■ Wir waren mit ihren Leistungen stets (und) in jeder Hinsicht sehr zufrieden. ■ Seine Leistungen haben stets und in jeder Hinsicht unsere volle Anerkennung gefunden. ■ Wir waren mit ihren Leistungen stets außerordentlich zufrieden. ■ Seine Leistungen werden zusammengefasst als sehr gut beurteilt. ■ Ihre Leistungen waren stets sehr gut. ■ Er hat unsere (sehr hohen) Erwartungen stets und in allerbester Weise erfüllt.
Sehr gut (-) **Gut (+)**	■ Er hat die ihm übertragenen Aufgaben jederzeit/immer zur vollsten Zufriedenheit erfüllt. ■ Wir waren mit ihren Leistungen jederzeit sehr zufrieden. ■ Er hat die ihm übertragenen Arbeiten stets zu unserer (uneingeschränkten) vollen Zufriedenheit erfüllt. ■ Ihre Leistungen haben stets (jederzeit, immer) unsere volle Anerkennung gefunden. ■ Er hat unsere (hohen) Erwartungen stets und in bester Weise erfüllt.
Gut	■ Er hat die ihm übertragenen/alle Aufgaben stets zu unserer vollen Zufriedenheit erfüllt (bewältigt). ■ Wir waren während des gesamten Beschäftigungsverhältnisses mit ihren Leistungen voll und ganz zufrieden. ■ Wir waren mit den Leistungen immer sehr zufrieden/stets voll zufrieden. ■ Seine Leistungen fanden stets unsere volle Anerkennung. ■ Die Leistungen haben unseren Erwartungen und Anforderungen stets voll entsprochen.

Textbausteine zur Leistungsbeurteilung	
	■ Ihre Leistungen werden zusammengefasst als gut bewertet. ■ Er hat unseren Erwartungen in jeder Hinsicht und bester Weise entsprochen.
Gut (-) **Befriedigend (+)**	■ Er hat die ihm übertragenen/alle Aufgaben jederzeit/immer zu unserer vollen Zufriedenheit erfüllt (bewältigt). ■ Sie hat unseren Erwartungen in bester Weise entsprochen. ■ Die Leistungen waren voll und ganz zufriedenstellend.
Befriedigend	■ Er hat die ihm übertragenen Aufgaben zu unserer vollen Zufriedenheit erledigt (bewältigt). ■ Sie hat die ihr übertragenen Aufgaben stets zu unserer Zufriedenheit erledigt (bewältigt). ■ Wir waren mit seinen Leistungen voll zufrieden. ■ Ihre Leistungen haben unseren Erwartungen und Anforderungen voll entsprochen. ■ Seine Leistungen haben unseren Erwartungen und Anforderungen in jeder Hinsicht voll entsprochen. ■ Ihre Leistungen werden zusammengefasst als befriedigend bewertet.
Ausreichend	■ Er hat die ihm übertragenen Aufgaben zu unserer Zufriedenheit erledigt. ■ Mit ihren Leistungen waren wir zufrieden. ■ Er hat unseren Erwartungen entsprochen. ■ Ihre Leistungen werden zusammengefasst als ausreichend bewertet.
Mangelhaft/ Ungenügend	■ Er hat die ihm übertragenen Aufgaben im Großen und Ganzen (überwiegend, im Wesentlichen) zu unserer Zufriedenheit erledigt. ■ Er führte die ihm übertragenen Aufgaben mit (großem) Fleiß und Interesse durch. ■ Sie war stets bemüht, die Arbeiten (zu unserer vollen Zufriedenheit) zu erledigen. ■ Er zeigte für seine Arbeit (großes) Verständnis und Interesse. ■ Sie hat sich (stets) bemüht, den (hohen) Anforderungen gerecht zu werden. ■ Neue Aufgaben betrachtete er stets als Herausforderung, der er sich mutig stellte.

Keine zusammenfassende Leistungsbeurteilung?

Das völlige Fehlen einer zusammenfassenden Leistungsbeurteilung weist auf eine mangelhafte oder ungenügende Leistung hin.

6 Persönliches Verhalten (mit Textbausteinen)

Für Führungskräfte ist die Beurteilung des Verhaltens von großer Bedeutung. Unternehmen legen großen Wert darauf, dass sich eine Führungskraft und auch ein Mitarbeiter optimal in die Unternehmenskultur und Kommunikations- sowie Managementstruktur einfügen. Gefördert wird dies durch die zunehmende Verbreitung dezentraler Organisation.
Die Verhaltensbeurteilung dokumentiert das persönliche Betragen, das Sozialverhalten des Mitarbeiters.
Die Beurteilung des persönlichen Verhaltens, auch Führungsbeurteilung genannt, ist von der Beurteilung der Führungsleistung also abzugrenzen.

Wie ist das Verhältnis zum Vorgesetzten?

Die andere Komponente ist das Verhalten der Führungskräfte gegenüber ihren Vorgesetzten, untereinander und dritten Personen wie Geschäftspartnern, Kunden oder Beratern.

Halten Sie die Rangfolge ein!

Diese Personengruppen müssen in der richtigen Reihenfolge genannt werden, d.h. Vorgesetzte vor Kollegen und Mitarbeitern. Außerdem gilt: Unternehmensinterne Personen vor externen. Wird diese Reihenfolge missachtet, kommen z.B. die Mitarbeiter vor den Vorgesetzten, so deutet das auf Probleme hin.

Klappt die Zusammenarbeit mit dem Team?

Auch Führungskräfte müssen teamfähig sein.

Selbstständige Teams sind heute in vielen Unternehmen die Regel, so dass sich die Mitarbeiter in die bestehende Struktur einleben müssen. Nur so kann ein reibungsloses Miteinander und dadurch auch eine sehr gute Arbeitsleistung garantiert werden.
Führungskräfte müssen die relative Eigenständigkeit ihrer Mitarbeiter akzeptieren und respektieren, was sich wiederum in einem grundsätzlich respektvollen und wertschätzenden Umgang miteinander jenseits des gepflegten Führungsstils niederschlagen sollte.

Welche Noten liegen zu Grunde?

Jeder Formulierung entspricht eine Note.

Im Kernsatz der Verhaltensbeurteilung weist der Passus „stets vorbildlich" auf die Note „sehr gut“ hin, „stets einwandfrei" eher auf „gut“. Für den Geschmack mancher Zeugnisaussteller klingt die Vorbildlichkeit jedoch übertrieben oder wird gar als unrealistisch abgelehnt. So kann der Passus „stets einwandfrei" zumindest auch als „sehr gut“ bis „gut+“ interpretiert werden.
Charakterzüge und Persönlichkeitsmerkmale verändern sich in der Regel nicht, so dass Sie diese in der Zeitform der Gegenwart beschreiben können. Von manchen Zeugnisausstellern wird dies zwar als Stilbruch gewertet, inhaltlich ist es jedoch logisch.

Textbausteine zum persönlichen Verhalten	
Sehr gut	■ Herr XY tritt jederzeit frisch, kooperativ und höflich auf. Er fördert aktiv die Zusammenarbeit und ist als kompetenter und zugänglicher Ansprechpartner allseits sehr geschätzt. Sein persönliches Verhalten gegenüber Vorgesetzten, Kollegen, Mitarbeitern und Kunden ist stets vorbildlich. ■ Frau XY wurde wegen ihres freundlichen Wesens und ihrer kollegialen Haltung von Vorgesetzten, Mitarbeitern und Kunden gleichermaßen geschätzt. ■ Herrn XYs persönliches Verhalten war stets vorbildlich. Bei Vorgesetzten, Kollegen und Geschäftspartnern war er anerkannt und sehr geschätzt. Er fördert(e) aktiv die (gute) Zusammenarbeit, übt(e) und akzeptiert(e) sachliche Kritik, war/ist stets hilfsbereit und stellt(e), wenn erforderlich, persönliche Interessen zurück. ■ Frau XYs Auftreten ist jederzeit geprägt von ihrer zuvorkommenden, hilfsbereiten und kontaktfreudigen Art. Ihr persönliches Verhalten ist stets einwandfrei.
Gut	■ Herrn XYs Verhalten gegenüber Vorgesetzten und Mitarbeitern ist jederzeit einwandfrei. Er ist ein geschätzter Ansprechpartner, der die (gute) Zusammenarbeit unterstützt, stets hilfsbereit sowie kommunikationsstark auftritt und sachliche Kritik übt sowie akzeptiert. ■ Frau XYs Auftreten ist jederzeit geprägt von ihrer zuvorkommenden, hilfsbereiten und kontaktfreudigen Art. Ihr persönliches Verhalten ist stets einwandfrei. ■ Herr XY wird wegen seines freundlichen Wesens und seiner kollegialen Art von Vorgesetzten, Kollegen, Mitarbeitern und Kunden gleichermaßen geschätzt. Sein persönliches Verhalten ist jederzeit einwandfrei.
Befriedigend	■ Sein Verhalten zu Vorgesetzten und Mitarbeitern war einwandfrei.
Ausreichend	■ Ihr Verhalten gegenüber Vorgesetzten und Mitarbeitern war (stets) (höflich und) korrekt. ■ Sein Verhalten gab zu Beanstandungen keinen Anlass.

Textbausteine zum persönlichen Verhalten	
Mangelhaft/ Ungenügend	■ Sein persönliches Verhalten gegenüber Geschäftspartner und Mitarbeitern (Vorgesetzten fehlt!) war stets vorbildlich (weist auf Mängel im Verhalten zu Vorgesetzten hin). ■ Ihr persönliches Verhalten gegenüber Vorgesetzten, Kollegen und Geschäftspartnern war (stets fehlt!) einwandfrei (deutet auf Mängel im Verhalten zu den Mitarbeitern hin). ■ Sein persönliches Verhalten war im Wesentlichen einwandfrei.

Wo Sie Personengruppen noch nennen können

Bisweilen klingt es sehr ungelenk, wenn im Kernsatz der Verhaltensbeurteilung immer alle Kontakte und Personengruppen genannt werden. Alternativ kann man daher an anderer Stelle im Zeugnis auf die jeweiligen Personengruppen eingehen. Diese Methode eignet sich auch sehr gut, um Kernkompetenzen und Eigenschaften, die sich unmittelbar im Zusammenhang mit dem Verhalten gegenüber der jeweiligen Personengruppe zeigen, einzuflechten.

Überdies können Unternehmen aus dem Dienstleistungssektor so die leidige Problematik der Nennung der Kunden an erster Stelle umgehen: Sie handeln das persönliche Verhalten des Beurteilten gegenüber den Kunden im Zeugnistext nach dem Fachwissen zuerst ab, gehen dann auf die anderen Kontaktgruppen ein und erwähnen die Personengruppen im Kernsatz schlichtweg nicht mehr explizit.

7 Schlussformel (mit Textbausteinen)

Die Schlussformel des Zeugnisses ist wahrscheinlich die sensibelste Stelle im ganzen Zeugnis. Diesen Satz kann man als Interpretation des gesamten Zeugnisses verstehen. Viele Personaler und auch Headhunter lesen aus diesem Grund ein Zeugnis gerne von hinten nach vorne; die Schlussformel gilt hier gewissermaßen als Türöffner. Die Schlussformel eines perfekten Zeugnisses besteht aus drei aufeinanderfolgenden Teilen:

- Bedauern des Arbeitgebers über das Ausscheiden des Zeugnisempfängers, also des Mitarbeiters.
- Dank für die geleistete Arbeit

- Gute Wünsche für die Zukunft.

Bislang gibt es weder eine gesetzliche Regelung noch ein Gerichtsurteil, wonach der Zeugnisempfänger eines dieser drei Elemente gerichtlich einklagen kann. Die Würdigung und Nennung dieser Passi liegt einzig am guten Willen des Arbeitgebers. Dies unterstreicht die Bedeutung des Bedauerns, Danks und der guten Wünsche zusätzlich. (vgl. dazu auch S. 38).

Warum wurde das Arbeitsverhältnis beendet?

Wichtig: Von wem ging die Kündigung aus?

Ein weiterer wichtiger Punkt in der Schlussformel ist die Erwähnung der Kündigungsinitiative. Lag sie beim Arbeitgeber oder beim Mitarbeiter? Wurde eine Beendigung von beiden Seiten angestrebt oder erfolgte sie aus betriebsbedingten Gründen?
Im Zwischenzeugnis entfällt naturgemäß das Bedauern, hier werden der Dank und das Hoffen bzw. die Freude auf eine weiterhin erfolgreiche Zusammenarbeit erwartet.
Privates darf im Zeugnis nicht erwähnt werden. Dennoch gilt es als besondere Würdigung des Zeugnisempfängers, wenn man ihm „für die Zukunft beruflich wie privat alles Gute (und weiterhin viel Erfolg)“ wünscht. Wem das zu direkt ist, der kann „privat“ durch „persönlich“ ersetzen.

Zwischenzeugnis: Musterformulierungen für die Schlussformel	
sehr gut	■ „Dieses Zwischenzeugnis wird aufgrund eines Vorgesetztenwechsels von Herrn XY ausgestellt. Wir bedanken uns bei Herrn XY für seine (bisherige) (stets) ausgezeichnete (hervorragende, sehr gute) Arbeit und wünschen uns eine noch lange währende so positive Zusammenarbeit."
gut	■ „Dieses Zwischenzeugnis wurde auf Wunsch von Frau XY erstellt. Wir bedanken uns bei ihr für ihre (bisher) geleistete (stets) gute (hochwertige, wichtige) Arbeit und freuen uns auf eine weiterhin erfolgreiche Zusammenarbeit."

zufriedenstellend	■ „Dieses Zwischenzeugnis wird aufgrund eines Vorgesetztenwechsels von Herrn XY ausgestellt. Wir bedanken uns bei Herrn XY für seine (bisherige) sehr solide Arbeit und hoffen auf ein noch lange währendes Arbeitsverhältnis."
nicht zufriedenstellend	■ „Dieses Zwischenzeugnis wurde auf Wunsch von Frau XY erstellt."

Endzeugnis: Musterformulierungen für die Schlussformel

Wenn der Mitarbeiter gekündigt hat

sehr gut	■ „Auf ihren eigenen Wunsch scheidet Frau XY zum Tag/Monat/Jahr aus unserem Unternehmen aus. Wir bedauern ihre Entscheidung außerordentlich, weil wir mit ihr eine sehr gute (wertvolle) Mitarbeiterin verlieren. Wir bedanken uns bei ihr für ihre stets (allzeit) wertvolle (ausgezeichnete, sehr gute) Arbeit und wünschen ihr beruflich wie privat alles Gute und weiterhin viel Erfolg."
gut	■ „Herr XY verlässt uns mit dem heutigen Tage auf eigenen Wunsch. Wir bedauern seinen Entschluss sehr, danken ihm für seine wertvollen Dienste und wünschen ihm für seine berufliche wie persönliche Zukunft alles Gute und weiterhin viel Erfolg."
zufriedenstellend	■ „Frau XY verlässt unser Unternehmen mit dem heutigen Tage auf eigenen Wunsch. Wir bedauern ihren Entschluss, danken ihr für ihre Mitarbeit und wünschen ihr für ihre Zukunft alles Gute und weiterhin Erfolg."
unterdurchschnittlich	■ „Herr XY verlässt uns mit dem heutigen Tage auf eigenen Wunsch. Wir wünschen ihm für die Zukunft alles Gute."
mangelhaft	■ „„Herr XY verlässt uns mit dem heutigen Tage auf eigenen Wunsch. Wir wünschen ihm für die Zukunft alles Gute."

Endzeugnis: Musterformulierungen für die Schlussformel	
Wenn der Arbeitgeber gekündigt hat	
Sehr gut	■ „Aufgrund tiefgreifender Umstrukturierungen, die auch die Position von Frau XY betreffen, endet ihr Arbeitsverhältnis mit dem heutigen Tag betriebsbedingt (aus betriebsbedingten Gründen). Wir bedauern diese Entwicklung außerordentlich, weil wir mit Frau XY eine sehr gute (wertvolle) Mitarbeiterin verlieren. Wir bedanken uns bei ihr für ihre (stets, allzeit) wertvolle (ausgezeichnete, sehr gute) Arbeit und wünschen ihr beruflich wie privat alles Gute und weiterhin viel Erfolg."
gut	■ „Das Arbeitsverhältnis von Herrn XY endet mit dem heutigen Tage betriebsbedingt. Wir bedauern diese Entwicklung sehr, weil wir mit Herrn XY einen wertvollen Mitarbeiter verlieren. Für seine wertvollen/loyalen Dienste danken wir Herrn XY, für seine berufliche wie persönliche Zukunft wünschen wir ihm alles Gute und weiterhin viel Erfolg."
zufriedenstellend	■ „Das Arbeitsverhältnis mit Frau XY endet mit dem heutigen Tage betriebsbedingt. Wir bedauern diese Entwicklung, danken ihr für ihre Mitarbeit und wünschen ihr für ihre Zukunft alles Gute und weiterhin Erfolg."
unterdurchschnittlich	■ „Das Arbeitsverhältnis mit Herrn XY endet mit dem heutigen Tage betriebsbedingt. Wir wünschen ihm für die Zukunft alles Gute."
mangelhafter	■ „Das Arbeitsverhältnis mit Herrn XY endet mit dem heutigen Tage betriebsbedingt. Wir wünschen ihm für die Zukunft alles Gute."

Erfolgt eine Trennung von beiden Seiten, kommt es beispielsweise zu einem Aufhebungsvertrag, so ist in der Schlussformel „das beste beiderseitige Einvernehmen" zu betonen. Das „gegenseitige/beiderseitige Einvernehmen/Einverständnis" hingegen weist auf eine Kündigung oder eine Trennung unter Misstönen hin. Das beste beiderseitige Einvernehmen kann auch durch eine konkretere Begründung (z.B. Uneinigkeit über die weitere Strategie oder ein plötzlicher Vorgesetztenwechsel) angereichert werden.

Trennung auf beiderseitige Initiative hin

„Das Arbeitsverhältnis mit Herrn XY endet mit dem heutigen Tag im besten beiderseitigen Einvernehmen. Gleichwohl bedauern wir diese Entwicklung außerordentlich, weil wir mit Herrn XY einen sehr guten (wertvollen) Mitarbeiter verlieren. Wir bedanken uns bei ihm für seine (stets, allzeit) wertvolle (ausgezeichnete, sehr gute) Arbeit und wünschen ihm beruflich wie privat alles Gute und weiterhin viel Erfolg."

5 Musterzeugnisse

1 Development Engineer and Team Leader

REFERENCE

Mr Paul Roth

To Whom It May Concern:
We are pleased to comment on Mr Paul Roth, born 25 May 1973 in Frankfurt, who was employed with XXX from 1 April 1999 until 30 November 2003 as Development Engineer and Team Leader.
XXX is a leading manufacturer of transportation systems, in particular heavy duty lorries and trailers.
Paul started his career with XXX as development engineer in our research and development department. In this position he:

- Constructed engine components.
- Compiled engineering data.
- Constructed various prototypes.
- Completed diverse tasks in international diesel engine development projects involving several other XXX-firms.
- Managed all interaction with customers and suppliers.

As Paul injected a lot energy into his job and achieved convincing results regularly, he was promoted to team leader on 1 June 2002.
While still fulfilling his engineering, data compiling, and contact management tasks, he was from then on additionally responsible for a team of 4 engineers. With his team Paul managed partial projects dealing with the development of component groups for heavy duty diesel engines.
As a certified engineer Paul possess in-depth technical expertise and a very good sense of application. He analyses even complex matters profoundly and develops highly effective solution patterns which have always and exactly met our customers' needs. While independent, Paul is also an excellent team player who would provide each team member with exactly the help or information that he or she

Einleitung: Dieser positive Einstieg ist unabdingbar für eine sehr gute Beurteilung (siehe unten).

Tätigkeitsbeschreibung: Die Aufzählung der Tätigkeiten befindet sich mengenmäßig im Rahmen des Üblichen.

Fachwissen: Die Beurteilung des Fachwissens reflektiert die Note sehr gut.

asked for to deliver top notch team results. Fluent in French, English, and German, Paul is a real pleasure to work with in a multinational environment and actively drives forward international projects.

Leistungs beurteilung: Hier wird die Note sehr gut ausgedrückt (siehe unten).

In his leadership role Paul displayed great confidence and finely honed management skills and was very appreciated by his 4 subordinates. Under his leadership his team reached each project milestone on time and within the budget, sometimes even exceeding our high expectations.

Verhaltens-beurteilung: Hier wurde eine Anlehnung an das deutsche Vorbild gewählt. Die Note lautet sehr gut.

Paul is a very astute, diligent, resourceful, reliable, and trustworthy individual who always achieved superior results. His performance was always to our utmost satisfaction. Showing good communication skills his personal behaviour was always impeccable, and he was well liked by his superiors, peers, and subordinates as well as by our customers and suppliers.

Schlussformel: Hier fehlt die Empfehlung (siehe unten).

Paul is leaving us today on his own choosing as he is looking for new endeavours. We are sorry to see him go and thank him for his loyal and superior achievements. Paul is recommended highly by us and we wish him much success in his future.
Should you have any further questions concerning Paul, please feel free to contact me at …

Fazit: Herr Roth erhält ein vollkommen karriereförderliches Beurteilungsschreiben.

Johannesburg, 30 November 2003 John Smith

Head of R&D

Zusätzliches Gutachten

Einleitung

Hier finden wir die typische Einleitung für anglo-amerikanische Zeugnisschreiben: Es wird bereits zu Beginn bekundet, dass man die Beurteilung von Herrn Roth mit Freude übernommen hat. Dieser positive Einstieg ist unabdingbar für eine sehr gute Beurteilung.

Tätigkeitsbeschreibung

Sie fällt gemäß den anglo-amerikanischen inoffiziellen Richtlinien eher knapp aus. Die Beförderung von Herrn Roth wird durch eine kleine Zwischenbeurteilung entsprechend gewürdigt. Die Aufzählung der Tätigkeiten befindet sich ebenso wie der Fließtextteil mengenmäßig im Rahmen des Üblichen.
Die Nennung nur des Vornamens des Beurteilten ist hier im krassen Gegensatz zu deutschen Arbeitszeugnissen normal.

Fachwissen

Die Beurteilung des Fachwissens schließt sich nahtlos an und reflektiert die Note sehr gut.

Kernkompetenzen

Naturgemäß wird den persönlichen Kernkompetenzen in angloamerikanischen Zeugnissen eine hohe Bedeutung beigemessen – diese zählen oftmals mehr als das Fachwissen. Bezogen auf seinen Job, wird Herrn Roth ein angemessenes Portfolio zugeteilt.
Wichtig ist hier auch die Würdigung von Herrn Roths Führungsqualitäten, da diese im anglo-amrikanischen Wirtschaftsraum – ähnlich wie in Deutschland – als Unterscheidungsmerkmal zu Fachkräften sehr wichtig sind.

Zusammenfassende Leistungsbeurteilung

Hier wurde eine dem deutschen Arbeitszeugnis ähnliche Variante gewählt (*His performance was always to our utmost satisfaction.*), die die Note sehr gut ausdrückt.

Zusammenfassende Verhaltensbeurteilung

Auch hier wurde – durch Zufall? – eine Anlehnung an das deutsche Vorbild gewählt (*Showing good communication skills his personal behaviour was always impeccable, and he was well liked by his superiors, peers, and subordinates as well as by our customers and suppliers.*), die Note lautet sehr gut.

Schlussformel

Im Unterschied zu deutschen Zeugnissen wird hier die klare Empfehlung von Herrn Roth ausgesprochen. Fehlt diese, so kann dies negativ ausgelegt werden.
Ebenso typisch ist die Bereitschaft des Referenzgebers, persönlich über Herrn Roth Auskunft geben zu wollen. Die Übermittlung der Kontaktdaten gehört folglich zum Zeugnis dazu.

Fazit

Herr Roth erhält ein vollkommen karriereförderliches Beurteilungsschreiben, das ihn ohne Einschränkungen mit sehr gut bewertet.

2 General Manager and Expansion Executive

Letter of Recommendation

Mr. Fabian Wegmeier

To Whom It May Concern:

We are pleased to comment on Mr. Fabian Wegmeier who was employed with XXX from 6 June 2000 until 31 September 2003 as General Manager and Expansion Executive.

In his position Fabian reported directly to me and was mainly responsible for all M&A activities connected to our Asian expansion plans that we had just rolled out when Fabian joined us. Thus Fabian played a major role in the initial steps of our expansion phase.

In particular, Fabian executed the whole M&A process comprising the pre-deal evaluation, deal preparation, planning, and executions by taking the following measures, here presented in chronological order:

Einleitung: Hier wird mit dem Ausdruck der Freude der für einen Letter of Recommendation typische Auftakt gewählt (siehe unten).

- Investigated the market in various Asian countries, in particular Thailand, Malaysia, and Greater China and defined the targets for a potential takeover.
- Created a feasible and future-orientated strategy.
- Collected information of the relevant companies and prepared a SWOT-analysis.
- Investigated in detail companies in the respective countries under the consideration of the local legislation.
- Headed the respective due diligence team to coordinate the internal and external resources working on commercial, financial, legal, tax, HR, and environmental matters.
- Cooperated seamlessly with lawyers and auditors, mainly of the Asian branches of global consulting and law firms.
- Planned a takeover's budget comprising negotiation of the purchase price, ROI, negotiation of the contracts for the transaction including payment structure.

Tätigkeits beschreibung: Die Auflistung der Tätigkeiten erfolgt relativ detailliert, dies ist in einem Letter of Recommendation eher die Ausnahme (siehe unten).

Fachwissen: Die Beurteilung des Fachwissens liegt bei sehr gut und ist gleichzeitig mit der Beurteilung der Kernkompetenzen ‚Geschäftssinn' und ‚Arbeitsstil' verbunden (siehe unten).

Fabian impressed us right from the start with his profound professional knowledge, his remarkable business acumen, and his highly effective hands-on approach. It took him an exceptionally short time to overlook the whole market and identify attractive takeover targets. Due to his finely honed strategic and operational abilities plus his longstanding experience in doing business in Asia Jens developed efficient plans to execute a takeover, showing outstanding analytical and problem solving skills.

Furthermore I would like to emphasize Fabians leadership and people management, especially during the due diligence process, which was of great help to generate correct figures that in turn were vital to the further strategy design. Indeed, there was a significant overlap between the presented figures on behalf of the company and the company's real value so that we could perfectly rely on Fabian's reports and advice.

Fabian combines a sales and customer orientated mentality with very good communication skills and an exemplary entrepreneurial spirit. In combination with his convincing negotiation style and his pleasant and co-operative personality, Fabian established a close relationship of mutual trust with the management of the potential target company and its customers. During the due diligence process he executed the commercial part to evaluate the future potential of the target, the overall revenue volume reaching up to 50MEUR.

Leistungs beurteilung: Hier wird die Note sehr gut vergeben (siehe unten).

Verhaltens beurteilung: Auch hier wird die Note sehr gut erteilt.

I am therefore happy to state that Fabian definitely proved to be a visionary, energetic, and absolutely reliable leader who always lived up to our high expectations. But we also very much appreciated his honest and serious manner, as well as his good sense of humor within our management team.

Unfortunately, Fabian has been offered another career chance. As a result, he is leaving us on his own account, which we regret. However we would like to underline that Fabian helped us find a suitable successor and he even introduced him to his job.

We thank Fabian for his excellent performance and wish him all the best and success in his future endeavours. As we rate him highly, I give him our highest recommendation to every employer seeking a dedicated, trustworthy, and above all capable general, sales, or expansion manager.
Please do not hesitate to contact me personally at ... should you have any further questions about Fabian himself or his results.

Place, Date Jack Woo

CEO Asia Pacific

Schlussformel: Der Zeugnisaussteller bedauert den Weggang, lobt aber auch Herrn Wegmeiers Einarbeitung des Nachfolgers.

Fazit: Herr Wegmeier wurde von seinem Vorgesetzten tatsächlich geschätzt und hat eine ausgezeichnete Leistung bewiesen.

Zusätzliches Gutachten

Einleitung

Hier wird mit dem Ausdruck der Freude, dass man über Herrn Wegmeier Zeugnis ablegt, der für einen Letter of Recommendation typische Auftakt gewählt.
Die Nennung der Beschäftigungszeitraums ist ebenfalls üblich und dem deutschen Arbeitszeugnis nicht unähnlich.

Tätigkeitsbeschreibung

Aus der Tätigkeitsbeschreibung geht eindeutig hervor, dass das Empfehlungsschreiben sehr persönlich ist, da es der direkte Vorgesetzte geschrieben hat – dies sogar ausdrücklich nur in seinem Namen. Hier liegt somit ein Unterschied zum deutschen Arbeitszeugnis vor.
Die Auflistung der Tätigkeiten erfolgt relativ detailliert, dies ist in einem Letter of Recommendation eher die Ausnahme.
Die ausschließliche Nennung des Vornamens wird in einem persönlichen Letter of Recommendation erwartet.

Fachwissen

Die Beurteilung des Fachwissens liegt bei sehr gut und ist gleichzeitig mit der Beurteilung der Kernkompetenzen ‚Geschäftssinn' und ‚Arbeitsstil' verbunden. Diese Verschmelzung von verschiedenen

Dimensionen ist in anglo-amerikanischen Beurteilungsschreiben normal.

Kernkompetenzen

Herrn Wegmeiers Portfolio an Kernkompetenzen ist ideal an sein Tätigkeits- und Verantwortungsgebiet angepasst. Die Führungskompetenz ist hierbei ebenso wichtig wie die strategischen und operativen Managementfähigkeiten. Ebensolche Würdigung verdient seine Vertrauenswürdigkeit und seine zwischenmenschlichen Qualitäten. Die relativ informellen Beurteilungsformulierungen sind für einen Letter of Recommendation typisch.

Zusammenfassende Leistungsbeurteilung

Hier wird die Note sehr gut vergeben. Die Einbettung in weitere Kernkompetenzen ist durchaus üblich (*I am therefore happy to state that Fabian definitely proved to be a visionary, energetic, and absolutely reliable leader who always lived up to our high expectations.*).

Zusammenfassende Verhaltensbeurteilung

Auch hier wird die Note sehr gut erteilt (But we also very much appreciated his honest and serious manner, as well as his good sense of humor within our management team.).

Schlussformel

Neben der unabdingbaren Empfehlung und dem Angebot zur persönlichen Kontaktaufnahme werden hier die Gründe und Rahmenbedingungen von Herrn Wegmeiers Weggang beleuchtet. Der Zeugnisaussteller bedauert den Weggang, lobt aber auch Herrn Wegmeiers Einarbeitung des Nachfolgers.

Fazit

Herr Wegmeier wurde von seinem Vorgesetzten tatsächlich geschätzt und hat eine ausgezeichnete Leistung bewiesen. Dies wird im Zeugnisschreiben deutlich, die Note liegt im Bereich von sehr gut.

3 Purchase Manager Raw Materials and Sales Manager Mercosur

Letter of Recommendation

Mr Jens Dahlbusch

To Whom It May Concern:

I am pleased to give my judgement on Mr Jens Dahlbusch, who was employed with XXX Brasil in various positions, since 1 December 1998 as Purchase Manager Raw Materials and Sales Manager Mercosur.

Einleitung: Schon die Überschrift lässt keinen Zweifel daran, dass hier ein Empfehlungsschreiben vorliegt (siehe unten).

Jens began his career with XXX on 1 January 1995 as Trainee for our oil milling and fruit juice production business. In this position he executed several operations in our plants in Sao Paulo, Caracas, Nassau, Charlotte, and Atlanta.

After the successful completion of his traineeship, Jens was employed at our Porto Alegre branch as Raw Materials Dealer. Soon Jens proved his convincing capabilities to overlook the diversified market and quickly react to price fluctuations, thus saving us important profits.

Tätigkeitsbeschreibung: Herrn Dahlbuschs Werdegang wird chronologisch und vollständig geschildert (siehe unten).

As a consequence Jens was given further responsibilities and was promoted to Purchase Manager Raw Materials and Sales Manager Mercosur operating from Porto Alegre.

In this twin function Jens was responsible for the purchase of several raw materials, in particular soya, rape, and sunflower oils as well as for the sale of the raw materials to our customers in the whole Mercosur and partly also Mexico, mainly important players in the food industry.

Jens fulfilled all strategic and operational tasks such as planning and forecast, customer and supplier relationship management, contract management and negotiations, market research, and quality management.

Fachwissen: Die Beurteilung des Fachwissens liegt bei sehr gut (siehe unten).

In all his positions Jens convinced us with his profound expertise and his finely honed management skills. Especially when it came to pricing Jens proved an excellent negotiator with a good feeling for future trends. He was thus able to fix prices that were to our favour but did not alienate our business partners.

Leistungsbeurteilung: Hier wird die Note sehr gut vergeben.

Jens is a very astute, diligent, resourceful, and reliable individual who would readily help every colleague or team mate, so that the company's performance would be improved. Due to his good analytical and organisational abilities plus his resilience Jens developed effective solutions to any problem and delivered very good results even in very challenging situations. Indeed we could always rely on Jens as he was also a very open, sociable, and dedicated member of our management team. Fluent in Portuguese and Spanish, he was a widely accepted negotiator in the whole Mercosur. Thanks to his very good English skills he was regularly involved in transcontinental project work and communicated effectively with every customer or supplier outside Mercosur, too.

Verhaltensbeurteilung: Auch hier wird die Note sehr gut erteilt.

In conclusion, Jens always met our highest expectations and delivered an exceptional performance. Being widely appreciated both inside and outside XXX, Jens's behaviour was always to our utmost satisfaction.

Schlussformel: Hier werden erwartungsgemäß die Empfehlung und das Angebot zur persönlichen Kontaktaufnahme angeführt (siehe unten).

I regret to lose Jens, who leaves us on his own account as he has been offered an attractive alternative in Europe.

I thank him for his loyal and superior achievements and whish him all the best in his future endeavours. Should you have any questions concerning Jens, I will be happy to underline my high recommendation personally.

Place, Date Joaquin Aquino

Country Manager

Fazit: Herr Dahlbusch wird insgesamt mit sehr gut beurteilt.

Zusätzliches Gutachten

Einleitung

Schon die Überschrift lässt keinen Zweifel daran, dass hier ein Empfehlungsschreiben vorliegt. Der Ausdruck der Freude seitens des Zeugnisausstellers passt hierzu.

Tätigkeitsbeschreibung

Hier wird Herrn Dahlbuschs Werdegang chronologisch und vollständig geschildert. Solange kurz gehalten, ist dies auch in einem Letter of Recommendation die übliche Praxis. Eine weitere Vertiefung der Tätigkeiten wird nicht vorgenommen, hierzu dient im Falle einer Bewerbung das persönliche Gespräch.
Die ausschließliche Nennung des Vornamens ist üblich.

Fachwissen

Die Beurteilung des Fachwissens liegt bei ‚sehr gut' und ist gleichzeitig mit der Beurteilung der Management Skills verbunden. Diese Verschmelzung von verschiedenen Dimensionen ist in angloamerikanischen Beurteilungsschreiben normal.

Kernkompetenzen

Hier genügt ein Absatz mit Herrn Dahlbuschs hervorstechendsten persönlichen Eigenschaften, entsprechend den Erwartungen, die man an diese Textsorte stellt.

Zusammenfassende Leistungsbeurteilung

Hier wird die Note ‚sehr gut' vergeben (*In conclusion, Jens always met our highest expectations and delivered an exceptional performance.*).

Zusammenfassende Verhaltensbeurteilung

Auch hier wird die Note ‚sehr gut' erteilt (*Being widely appreciated both inside and outside XXX, Jens's behaviour was always to our utmost satisfaction.*).

Schlussformel

Hier werden erwartungsgemäß die Empfehlung und das Angebot zur persönlichen Kontaktaufnahme angeführt – beides essenzielle Bestandteile eines Letters of Recommendation. Auch das Bedauern über Herrn Dahlbuschs Weggang, dem deutschen Usus ähnlich, passt hier ins Bild.

Fazit

Herr Dahlbusch erhält einen lupenreinen Letter of Recommendation, der ihn insgesamt mit sehr gut beurteilt.

4 Customer Service Manager

REFERENCE

Ms. Kate Jackson

To Whom It May Concern:
With reference to the above person.
To begin with we would like to point out that it is not the bank's policy to provide detailed references for employees.

We are however able to confirm that Ms. Jackson was employed by XXX Bank from 1 April 2000 until 30 September 2003 as customer service manager.
XXX Bank has no reason to doubt Ms. Jackson's honesty and integrity. Ms. Jacksons's attendance record was outstanding.

Ms. Jackson's ability and performance was documented by annual appraisal reports, copies of which were given to Ms. Jackson.

XXX Bank knows of no reason whatsoever why Ms. Jackson should not be employed by any potential future employer.
Yours faithfully

Place, Date Signature

While pleased to provide this reference we would like to point out that the above information is given in good faith and without any legal liability.

Einleitung: Der Aussteller veröffentlicht grundsätzlich keine detaillierten Informationen über Angestellte (siehe unten).

Tätigkeitsbeschreibung: Hier werden nur die Position und der Beschäftigungszeitraum genannt, was wenig aussagt.

Leistungs- und Verhaltens beurteilung: Sie fehlen völlig.

Schlussformel: Hier wird keine klare Empfehlung ausgesprochen.
Fazit: Das Beurteilungsschreiben ist so gut wie nichts wert (siehe unten).

Zusätzliches Gutachten

Einleitung

Der Beginn des Beurteilungsschreibens stellt klar, dass der Aussteller, in diesem Fall eine Bank, grundsätzlich keine detaillierten Informationen über Angestellte veröffentlicht. Diese Praktik kann für Finanzinstitute durchaus üblich sein und sollte zunächst keinen Argwohn erregen. Dennoch wirkt ein so formulierter Anfang a priori wenig positiv. Es wird keine Freude über die Beurteilung ausgedrückt

Tätigkeitsbeschreibung

Hier werden nur die Position und der Beschäftigungszeitraum genannt, was wenig aussagt. Die Nennung der Beurteilten bei ihrem Nachnamen kann man negativ auslegen, weil sie unpersönlicher ist, gleichwohl kann sie für Unternehmen des Finanzgewerbes, die generell einen distanzierteren Stil pflegen, durchaus üblich sein.

Fachwissen

Hier wird keine Beurteilung abgegeben.

Kernkompetenzen

Hier werden nur sehr oberflächliche Eigenschaften genannt, die fast keine Leistungseinschätzung zulassen. Auch dies kann man einerseits negativ bewerten, andererseits aber auch im Zusammenhang mit der allgemeinen Diskretionspflicht von Banken sehen, die diese auch und gerade auf Beurteilungsschreiben ausdehnen

Zusammenfassende Leistungsbeurteilung

Sie fehlt völlig, es wird aber immerhin ein Hinweis auf interne jährliche Beurteilungsberichte gegeben. Es wird darauf hinauslaufen, dass man genau diese Berichte einsehen muss, um eine einigermaßen klare Beurteilung von Frau Jacksons Leitungsfähigkeit und Verhalten zu bekommen.

Zusammenfassende Verhaltensbeurteilung

Siehe oben.

Schlussformel

Hier wird keine klare Empfehlung ausgesprochen, doch eine Zurückhaltung wird auch nicht angeraten. Zu dieser, sozusagen unentschlossenen, Haltung passt auch die Schlussbemerkung, die jegliche Haftung ausschließt.

Fazit

Das Beurteilungsschreiben an sich ist so gut wie nichts wert, wenn man eine faire Beurteilung über Frau Jackson haben möchte. Entscheidend sind die internen Beurteilungsberichte, nichts Anderes. Ob Frau Jackson eine schlechte Mitarbeiterin war oder nicht, lässt sich nicht zweifelsfrei ermitteln.

5 Support Technical Problems

To Whom It May Concern:
It is my pleasure to confirm that Ms Maria Chang has been employed by XXX Asia-Pacific since 1st February 1998.

Einleitung: (siehe unten).

Maria's main duties today consist of supporting our distributors and customers with technical problems on our measurement tools, on-site technical visits, and training of distributors' staff throughout the region, as well as organizing and running the our Asia-Pacific Customer Support Centre. This task includes the hiring and management of engineers.

Tätigkeitsbeschreibung: Sie fällt relativ kurz aus, was im Gegensatz zum deutschen Arbeitszeugnis normal ist (siehe unten).

As a major project responsibility, Maria developed and implemented the design and implementation of a regional on-line customer support help desk system that has been working faultlessly, thus enabling us to streamline our customer support. This helped us considerably increase our customer's trust into our products and our team. Throughout his time with XXX Asia-Pacific, Maria has always been an excellent employee, injecting a great amount of energy, initiative, and responsibility in all aspects of her job. Her analytical abilities and her hands-on approaches are vital to our smooth daily business. Due to her finely honed communication skills and his friendly manner, Maria is well liked by her superiors and colleagues alike, and we appreciate her as someone you can rely on in any situation. Her professional knowledge is far above average and her thoroughness of application is remarkable.

Fachwissen: Eine explizite Beurteilung des Fachwissens wird nicht vorgenommen, im Letter of Recommendation ist dies kein Negativum (siehe unten).

Leistungsbeurteilung: Hier wird die Note sehr gut vergeben. (siehe unten).

Maria's special qualification is certainly her German-Chinese origin, which is why she is fluent in Cantonese and familiar with Chinese business culture. She is thus able to understand our customer's needs and way of thinking profoundly and develops excellent solutions, so that she gains her contacts' trust easily.
Maria's results and her personal behaviour have always been to our utmost satisfaction.
We provide this reference, as our organization is about to undergo major restructuring. I do not hesitate to recommend Maria for any

Verhaltensbeurteilung: Auch hier lautet die Note sehr gut.

Schlussformel: Hier erfolgen die obligatorische Empfehlung und die Bereitschaft zur persönlichen Auskunft.

position where an outstanding, Asia focused customer service manager and a skilful team player is required. We thank Maria for her loyal and very good performance and hope that she will stay with us in the future.
Please feel free to get in touch with me personally, should you have any further questions.

XXX (Asia-Pacific) Limited

Fazit: Frau Chang erhält ein Empfehlungsschreiben, das sie ohne weiteres als Referenz vorlegen kann.

Place, Date David Kidd

Managing Director

Zusätzliches Gutachten

Einleitung

Der Auftakt mit seiner Bekundung der Freude, dass Frau Chang beurteilt wird, lässt eine positive Beurteilung erwarten.

Tätigkeitsbeschreibung

Sie fällt relativ kurz und oberflächlich aus, was in einem Letter of Recommendation im Gegensatz zum deutschen Arbeitszeugnis durchaus normal ist.
Die ausschließliche Nennung der Beurteilten beim Vornamens ist ebenfalls typisch und gilt als positives Signal.

Fachwissen

Eine explizite Beurteilung des Fachwissens wird nicht vorgenommen, was aber in einem Letter of Recommendation kein Negativum darstellt. Aus dem Zusammenhang kann und muss man schließen, dass Frau Changs Fachkompetenz sicherlich sehr gut ist.

Kernkompetenzen

Frau Changs Kernkompetenzenportfolio wurde optimal auf ihre Position abgestimmt. Hervorzuheben sind laut Zeugnis ihre interkulturellen Fähigkeiten, speziell im asiatischen Raum, was logisch erscheint. Insofern gibt das Portfolio ein rundes Bild von Frau Changs Fähigkeiten.

Zusammenfassende Leistungsbeurteilung

Hier wird die Note sehr gut vergeben, wobei die Verhaltensbeurteilung in den Kernsatz eingebettet ist. Was für ein deutsches Arbeitszeugnis eher ungewöhnlich wäre, ist in einem Letter of Recommendation ohne weiteres möglich (*Maria's results and her personal behaviour have always been to our utmost satisfaction.*).

Zusammenfassende Verhaltensbeurteilung

Siehe oben.

Schlussformel

Hier erfolgen die obligatorische Empfehlung und die Bereitschaft zur persönlichen Auskunft. Die Empfehlung wird sogar noch einmal durch die Beschreibung von Frau Changs hervorstechendsten Eigenschaften angereichert, auch wird expliziter Dank ausgedrückt.

Fazit

Frau Chang erhält ein Empfehlungsschreiben, das sie ohne weiteres als Referenz vorlegen kann.

6 Bäckermeister

ZWISCHENZEUGNIS

Einleitung: Der einleitende Absatz ist in Ordnung.

Herr Markus Klein, geboren am 13.12.1968 in Heidelberg, war vom 01.08.1994 bis zum 31.07.1998 in unserem Betrieb als Bäckermeister tätig. In dieser Funktion war er u.a. für folgende Aufgaben zuständig:

Tätigkeitsbeschreibung: Herrn Kleins Tätigkeiten werden im Zeugnis sehr detailliert beschrieben, so dass sich jeder mögliche Arbeitgeber ein Bild von seinen Kompetenzen und Fähigkeiten machen kann. Nach unserem Ermessen dürften ihm aus der Tätigkeitsbeschreibung heraus keine Karrierenachteile entstehen.

- Kontrolle und Lagerung von Roh- und Zusatzstoffen, Halbfabrikaten und Fertigerzeugnissen
- Abwicklung sämtlicher Backvorgänge in unserer Großbäckerei
- Genaueste Überwachung bei der Herstellung von Backerzeugnissen wie verschiedenen Brotsorten, Kleingebäck, Brötchen, Hörnchen, Dauerbackwaren und Saisongebäck. Hier ist besonders auf folgendes zu achten: Zusammenführung von Rohstoffen, Ansetzen und Fortführen von Sauerteig, Hefeansätze bearbeiten, Hefe-, Blätter- und Mürbeteig kneten, aufarbeiten und formen, Überwachung der Gärungsvorgänge, Bedienung und Wartung von Geräten und Maschinen, Heizen, Bedienen und Warten von Backöfen
- Ständige Qualitätskontrolle durch Beurteilen und Prüfen der Erzeugnisse nach Kriterien und Vorgaben des Betriebes
- Ausbildung der Lehrlinge
- Reinigung, Pflege und Wartung von Arbeitsgeräten
- Programmierung und Einrichtung unserer Backstraßen unter Abwägung der besonderen Auslastungsquoten
- Einkauf, Preisvergleich und sachgemäße Lagerung unserer Materialien
- Kreation eigener Rezepturen für neue Produkte, besonders für Vollkornprodukte
- Planung und Durchführung neuer Produktlinien in Zusammenarbeit mit unseren Franchiseunternehmen

Fachwissen: Das Fachwissen („umfassende und vielseitige Fachkenntnisse, auch in Nebenbereichen") wird mit sehr gut bewertet.

Herr Klein verfügt über umfassende und vielseitige Fachkenntnisse, auch in Nebenbereichen. Alle Aufgaben führte er immer selbstständig, planvoll und sorgfältig aus. Auch in Situationen mit extrem hohem Arbeitsanfall erwies er sich als äußerst belastbar und agierte stets ruhig, überlegt und zielorientiert.

Mit unermüdlichen Einsatz und Innovationsgeist gab er erfolgreich kontinuierlich Impulse zur wesentlichen Verbesserung seiner Arbeitsabläufe. Herr Klein überzeugte in seinen Tätigkeiten stets in qualitativer und quantitativer Hinsicht. Besonders hervorzuheben sind sein analytisches Denkvermögen, seine rasche Auffassungsgabe und seine präzise Urteilsfähigkeit, zudem hat er sich kontinuierlich in Abendkursen weitergebildet, um seine Kenntnisse auf dem neusten Stand zu halten. Unsere Auszubildenden unterwies er in den oben genannten Bereichen jederzeit ausgesprochen erfolgreich: Während seiner Unternehmenszugehörigkeit schloßen die Auszubildenden ihre Lehre innerhalb des Notenspektrums von sehr gut bis gut ab. Herr Klein hat unsere sehr hohen Erwartungen stets und in allerbester Weise erfüllt.

Seine Erfolge erzielte Herr Klein auch durch die Sicherstellung einer immer konstruktiven Teamarbeit gepaart mit einer zielorientierten Vorgehensweise. Er motivierte seine Mitarbeiter stets zu hervorragenden Leistungen, wobei er selbst als Vorbild agierte. Bei Bedarf schulte Herr Klein seine Mitarbeiter, damit sie ihre Aufgaben adäquat erfüllen konnten. Um seine versierte Organisations- und Planungskompetenz konzentriert einzusetzen, delegierte er Routineaufgaben jederzeit effektiv.

Durch seine sehr gute fachliche Leistung und seine untadelige Persönlichkeit erwarb er sich die Anerkennung seiner Vorgesetzten, Kollegen und Mitarbeiter. Aufgrund seiner umgänglichen und hilfsbereiten Art war er auch bei unseren Geschäftspartnern sehr geschätzt und anerkannt. Sein Verhalten war stets vorbildlich.

Das Arbeitsverhältnis mit Herrn Klein endet mit dem heutigen Tag betriebsbedingt. Wir bedauern diese Entwicklung sehr, weil wir mit ihm einen sehr guten Mitarbeiter verlieren. Für seine private und berufliche Zukunft wünschen wir ihm weiterhin alles Gute und viel Erfolg.

Karlsruhe, den 31.07.1998 Peter Platz

Betriebsleiter

Leistungsbeurteilung: Sie liegt laut Kernsatz („Herr Klein hat unsere sehr hohen Erwartungen stets und in allerbester Weise erfüllt.") und dem Kontext bei sehr gut.

Verhaltensbeurteilung: Herrn Kleins Führung wird laut Kernsatz („Sein Verhalten war stets vorbildlich.") und den beiden Sätzen zuvor mit sehr gut bewertet. Herr Kleins Führungsbeurteilung liegt ebenfalls bei sehr gut.

Schlussformel: Die Schlussformel ist in Ordnung, in dieser Form steht sie unter sehr guten Zeugnissen.

Fazit: Herr Klein wird mit sehr gut bewertet.

7 Banksachbearbeiterin

ZWISCHENZEUGNIS

Einleitung: Sie ist in Ordnung.

Frau Petra Gerhard, geboren am 16.07.1959 in Nürnberg, ist seit dem 01.08.1980 bei der Peters Bank Wiesbaden als Sachbearbeiterin in der Dokumentenabteilung des Unternehmens beschäftigt.

Tätigkeitsbeschreibung: Frau Gerhards Tätigkeiten werden im Zeugnis detailliert beschrieben, deshalb entstehen ihr keine Karrierenachteile.

Zu Frau Gerhards Hauptaufgaben zählen:

- Avisierungen, Erstellungen und Änderungen von Akkreditiven sowie die dazugehörige Verbuchung in dem entsprechenden EDV-System,
- Prüfung von Dokumenten auf Übereinstimmung mit dem Akkreditiv sowie den Richtlinien,
- Erstellung sämtlicher Korrespondenz per Brief, Fernschreiben und SWIFT in den unterschiedlichen EDV-Systemen sowie die Buchungen und Zahlungen unter Akkreditiven,
- Kundenberatung bei Akkreditiverstellungen und Dokumenteneinreichung,
- Prüfung der eingehenden Akkreditive auf Plausibilität,
- Terminierung und Überwachung im Zusammenhang mit den Arbeitsabläufen im Akkreditiv- und Inkassobereich,
- Einholung von Genehmigungen zu Akkreditivvorbehaltszahlungen und anderen Kreditgewährungen,
- Forfaitierung offener Rechnungen, Ankäufe und Bevorschussung von Inkassi,
- Mahnwesen, Weiterleitung, Abrechnung und Zahlungen unter Inkassi in dem entsprechenden EDV-System sowie Erstellung sämtlicher Korrespondenz per Brief, Fernschreiben oder SWIFT,
- Erstellung der monatlichen Abstimmungen, Statistiken und Zinsabgrenzungen.

Frau Gerhard verfügt über ein solides Grundwissen in ihrem Arbeitsbereich. Sie ist eine verantwortungsbewusste, vertrauenswürdige und zuverlässige Mitarbeiterin, die sich zum Wohle des Unternehmens einsetzt. Wir sind mit Frau Gerhard voll zufrieden.

Fachwissen: Ihr Fachwissen („verfügt über ein solides Grundwissen") wird mit ausreichend bewertet.

Ihr Verhalten gegenüber Vorgesetzten, Kollegen und Kunden ist stets einwandfrei.

Verhaltensbeurteilung: Sie liegt laut Kernsatz („Ihr Verhalten gegenüber ... ist stets einwandfrei.") bei gut.

Dieses Zwischenzeugnis wird Frau Gerhard anlässlich der Versetzung ihres Vorgesetzten ausgestellt.

Wiesbaden, den 31.07.1983 Wolfgang Jürgens

Personalchef

Schlussformel: Sie ist in Ordnung.

Fazit: Frau Gerhard wird mit befriedigend bewertet. Das Zeugnis enthält nur wenige Schlüsselkompetenzen, das ist negativ.

8 Bauvertriebsleiter

ZEUGNIS

Einleitung: Sie ist in Ordnung.

Herr Dieter Decker, geboren am 22.11.1960 in Zinhain, war vom 15.08.1990 bis zum 31.12.1992 für die Bauberatung Leisner als Bauvertriebsleiter tätig.

Tätigkeitsbeschreibung: Herrn Deckers Tätigkeiten werden im Zeugnis detailliert beschrieben, so dass sich jeder mögliche Arbeitgeber ein Bild von seinen Kompetenzen und Fähigkeiten machen kann. Nach unserem Ermessen dürften ihm aus der Tätigkeitsbeschreibung heraus keine Karrierenachteile entstehen.

Herr Decker erfüllte und verantwortete die folgenden Aufgaben:

- Akquise und Beratungen,
- Übernahme der halben Umsatzverantwortung (9 Mio. DM Gesamtumsatz) in einem Team von vier Mitarbeitern,
- Auswahl der Grundstücke in Zusammenarbeit mit der Geschäftsführung,
- Erledigung aller grundbuchrechtlichen Aufgaben in Eigenleistung oder in Zusammenarbeit mit unseren Notaren,
- Vertragsverhandlung, Verkauf und Koordination der Sonderwünsche,
- Werberahmen- sowie Maßnahmenplanung und Durchführung inklusive Budgetierung, Planung, Konzeption, Erarbeitung und Kontrolle unseres Werbebudgets und Budgetverantwortung über 200 bis 310 TDM,
- Durchführung und Kontrolle der Werbemaßnahmen, Messeprojekte und PR-Veranstaltungen,
- Direktmarketing aufgrund selbstgewonnener und zugekaufter Kundendaten, Werbebriefgestaltung und Gestaltung von Plakaten, Anzeigenschaltung in Printmedien, Werbemittelbeschaffung, Aufbau und Kontrolle unserer Internet-Homepage.

Fachwissen: Sein FW („verfügt über vielseitige und umfassende Fachkenntnisse, auch in Randbereichen.") wird mit sehr gut bewertet.

Herr Decker verfügt über vielseitige und umfassende Fachkenntnisse, auch in Randbereichen. Er war jederzeit hochmotiviert und identifizierte sich stets voll mit seinen Aufgaben und dem Unternehmen. Durch seine schnelle Auffassungsgabe beherrschte er nach selbstständiger und kurzer Einarbeitungszeit [...] seine Arbeitsgebiete umfassend. Er fand dabei jederzeit sehr gute und praktikable Lösungen.

Im direkten Umgang mit den Kunden war Herr Decker aufgeschlossen und in Bezug auf Vertragsverhandlungen zielorientiert und abschlusssicher. Auch schwierige Kunden wurden von ihm zu unserer Zufriedenheit betreut. Hervorzuheben ist auch sein Teamgeist in Zusammenarbeit mit der Geschäftsführung und unseren Mitarbeitern. Wir waren mit Herrn Deckers Leistungen jederzeit außerordentlich zufrieden.

Sein Verhalten gegenüber Vorgesetzten, Mitarbeitern und Kunden war stets vorbildlich.
Herr Decker förderte aktiv die Zusammenarbeit, übte und akzeptierte sachliche Kritik, war stets hilfsbereit und stellte, falls erforderlich, persönliche Interessen auch zurück.

Herr Decker scheidet mit dem heutigen Tag auf eigenen Wunsch aus unserem Unternehmen aus. Wir bedanken uns für die geleistete sehr gute Arbeit, bedauern sein Ausscheiden und wünschen ihm für seine persönliche wie private Zukunft alles Gute und weiterhin viel Erfolg.

Bonn, 31.12.1992 Erhard Friedrich

Geschäftsführer

Leistungsbeurteilung: Sie liegt laut Kernsatz („Wir waren mit Herrn Deckers Leistungen jederzeit außerordentlich zufrieden.") und dem Kontext bei sehr gut.

Verhaltensbeurteilung: Sie liegt laut Kernsatz („Sein Verhalten gegenüber ... war stets vorbildlich.") und dem Kontext bei sehr gut.

Schlussformel: Sie enthält mit Bedauern, Dank und guten Wünschen alle wichtigen Elemente und bewertet Herrn Decker mit sehr gut.

Fazit: Herr Decker wird mit sehr gut bewertet.

9 Betriebsleiter Vertrieb

ZEUGNIS

Einleitung: Sie ist in Ordnung.

Herr John Becker, geboren am 17.11.1967 in Hachenburg, war vom 01.07.1995 bis zum 31.07.2002 in unserem Unternehmen als Betriebsleiter beschäftigt.

Die Firma PATLI GmbH entwickelt und vertreibt mechanische Produkte für die Netz- und Datentechnik und allgemeine Elektrotechnik. Darüber hinaus realisiert sie kundenspezifische Aufträge im Bereich der allgemeinen Mechanik.

Tätigkeitsbeschreibung: In Anbetracht der Tatsache, dass Herr Becker sieben Jahre im Unternehmen gearbeitet hat, ist die Auflistung der Tätigkeiten zu knapp. Deshalb könnten ihm Karrierenachteile entstehen.

Fachwissen: Es („umfassende Fachkenntnisse") wird mit gut beurteilt.

Im Rahmen seines verantwortungsvollen und vielseitigen Tätigkeitsgebietes führte er eigenverantwortlich folgende Aufgaben durch:

- Leitung der Bereiche Vertrieb, Entwicklung, Produktion und EDV,
- Einführung des Warenwirtschaftssystems Apertum,
- Durchführung von Änderungen in der Firmenorganisation,
- Produktentwicklung sowie kundenspezifische Entwicklungen.

Herr Becker verfügt über umfassende Fachkenntnisse. Durch sein hoch entwickeltes Analysevermögen und seine Kreativität gelang es ihm immer auf Probleme sofort und adäquat zu reagieren. Seine durchdachten Lösungen haben sich in der Praxis stets sehr gut bewährt. Er war ein äußerst leistungsfähiger, sehr belastbarer Mitarbeiter, der die hohen Anforderungen seiner wichtigen Position auch unter schwierigen Umständen und hohem Termindruck stets sehr gut meisterte.

Wir haben Herrn Becker als einen sehr zielorientierten, verantwortungsbewussten und dynamischen Mitarbeiter kennen gelernt. Neuen Ideen gegenüber war er stets aufgeschlossen und handelte, wo immer erforderlich, sehr innovationsorientiert. Herr Becker motivierte seine Mitarbeiter stets zu sehr guten Leistungen, wobei er selbst als Vorbild agierte. Bei Bedarf schulte er seine Mitarbeiter, damit sie ihre Aufgaben adäquat erfüllen konnten. Um seine versierte Organisations- und Planungskompetenz konzentriert einzusetzen, delegierte er Routineaufgaben jederzeit effektiv. Insgesamt waren ihm sieben Mitarbeiter unterstellt. Während seiner gesamten Beschäftigungszeit in unserem Unternehmen erledigte Herr Becker seine Aufgaben mit beispielhaftem Engagement und sehr großem persönlichen Einsatz stets zu unserer vollsten Zufriedenheit.

Leistungsbeurteilung: Sie liegt laut Kernsatz („stets zu unserer vollsten Zufriedenheit.") und dem Kontext bei sehr gut.

Herr Becker pflegte eine Atmosphäre der Teamorientierung, Kooperation und Offenheit. Er war bei seinen Mitarbeitern ein gern und häufig frequentierter Ansprechpartner. Seine Vorgesetzten schätzen Herrn Beckers Führungsqualitäten ebenso wie seine fachliche Qualifikation. Herrn Beckers Verhalten zu Vorgesetzten, Mitarbeitern und Kunden war stets vorbildlich.

Verhaltensbeurteilung: Sie wird laut Kernsatz („Verhalten zu Vorgesetzten ... war stets vorbildlich.") und dem Kontext mit sehr gut bewertet.

Herr Becker scheidet auf eigenen Wunsch aus unserem Unternehmen aus. Wir danken ihm für die hervorragende Zusammenarbeit mit unserem Unternehmen, bedauern sein Ausscheiden sehr und wünschen ihm auf seinem weiterem Berufs- und Lebensweg alles Gute und weiterhin viel Erfolg.

Schlussformel: Sie ist in Ordnung.

Berlin, den 31.07.2002 Frank Schmidt

Leiter Personalabteilung

Fazit: Herr Becker wird mit sehr gut minus bewertet.

10 Business Development Manager

ZEUGNIS

Einleitung: Hier fehlt der Geburtsort – eine kleine Nachlässigkeit, die behoben werden sollte.

Herr Dirk Lauffen, geboren am 10.01.1963, war vom 15.03.1998 bis zum 30. 06.2002 in unserem Unternehmen als Business Development Manager tätig.

Tätigkeitsbeschreibung: Sie fällt soeben hinreichend detailliert aus.

Im Einzelnen gliederten sich Herrn Lauffens Tätigkeiten wie folgt:

- Vertrieb unserer diversen ASP-Softwarelösungen und Dienstleistungen im Bereich Customer Relationship Management in Deutschland,
- Betreuung von bestehenden Kunden im Rahmen des Account Managements sowie Gewinnung von Neukunden im Rahmen des New Business Developments,
- eigenständiges Verhandeln von Werk-, Dienstleistungs- und Wartungsverträgen,
- Einarbeitung und Betreuung eines neuen Vertriebskollegen.

Herr Lauffen führte seinen Bereich alleinverantwortlich und erzielte selbstständig beachtliche Erfolge. So konnte er zwei renommierte Neukunden für unser Geschäft gewinnen, die unseren Umsatz verdoppelten. Die bis heute erzielten Erlöse liegen jeweils im hohen einstelligen EURO-Millionenbereich. Darüber hinaus führte Herr Lauffen ein Kundeninformationssystem in allen unseren europäischen Niederlassungen ein, was zu einer erheblichen Effektivitätssteigerung unserer Prozesse führte.

Fachwissen: Hier wird Herr Lauffen mit gut plus bis sehr gut minus bewertet.

Mit sehr fundierten Fachkenntnissen und einem großen Verkaufstalent trieb Herr Lauffen unser Geschäft voran. Er überzeugte durch seine strukturierte Arbeitsweise, die er mit seiner langjährigen Vertriebserfahrung für unser Unternehmen stets gewinnbringend einsetzte. Herr Lauffen ist sehr belastbar, behält auch in sehr schwierigen Situationen stets die Übersicht sowie einen kühlen Kopf und setzte sich stets auch über die Bürozeit hinaus für unser Unternehmen ein.

Durch sein ausgeprägtes Analysevermögen, seine sehr guten Marktkenntnisse und seine Fähigkeit zum logischen Denken erkannte Herr Lauffen Veränderungen der Marktgegebenheiten frühzeitig und ergriff stets die richtigen Maßnahmen. Unternehmerisches Handeln, Zielstrebigkeit und Kreativität kennzeichneten seinen Arbeitsstil.

Herr Lauffen führte alle Aufgaben stets zügig und präzise zu unserer vollen Zufriedenheit aus.

Herr Lauffen ist ein äußerst kommunikations- und kontaktstarker, teamorientierter und kooperationsfähiger Mitarbeiter, der über makellose Umgangsformen verfügt. Unsere Kunden schätzten besonders seine offene Behandlung und umgehende Abstellung aller notwendigerweise auftretenden Probleme. Sein Verhalten gegenüber Vorgesetzten, Mitarbeitern und Kunden war stets einwandfrei.

Herr Lauffen verlässt unser Unternehmen auf eigenen Wunsch. Wir bedauern dies außerordentlich, weil wir mit ihm einen erfolgreichen Mitarbeiter verlieren, der wesentlich zum Aufbau unseres Unternehmens beigetragen hat. Wir bedanken uns bei ihm für seine wertvollen Dienste, auch für die intensive Einarbeitung seines Nachfolgers, und wünschen ihm für seine berufliche wie private Zukunft alles Gute und weiterhin viel Erfolg.

Gelsenkirchen, den 30.06.2002 Heiko Bornemann

Geschäftsführer

Leistungsbeurteilung: Nur die „volle" Zufriedenheit lässt Raum für Spekulationen offen – wird hier ein Gut oder Sehr gut bescheinigt?

Verhaltensbeurteilung: Die Verhaltensbeurteilung fällt gut bis sehr gut aus.

Schlussformel: Hier sind alle wichtigen Elemente vertreten, so dass das Zeugnis einen versöhnlichen Abschluss findet.

Fazit: Das Zeugnis beurteilt Herrn Lauffen zwischen gut und sehr gut.

11 Chief Technology Officer

ZEUGNIS

Einleitung: Hier werden alle relevanten Daten genannt.

Herr Dr. Jochen Grauer, geboren am 30. Mai 1965 in Bottrop, war vom 1. Dezember 1999 bis zum 30. September 2001 in unserer Gesellschaft als CTO (Chief Technology Officer) tätig.

Tätigkeitsbeschreibung: Sie fällt knapp, aber doch hinreichend detailliert aus.

Als CTO war er verantwortlich für Produktplanung, -design, -definition, -entwicklung und -realisierung. Hierzu gehörte insbesondere auch die Auswahl externer Zulieferer und Entwicklungspartner, die Vertragsverhandlungen und die anschließende Projektbetreuung.

Herr Dr. Grauer erreichte in nur 8 Monaten die parallele Entwicklung von vier hochinnovativen Produkten. Dies gelang ihm in einem komplett neuen technologischen Umfeld mit neuen, großenteils unerfahrenen Mitarbeitern und Kollegen und neuen Zulieferern und Partnern. Die Produktentwicklung für alle 4 geplanten Produktlinien lag stets im selbst gesetzten, sehr ehrgeizigen Zeit- und Budgetplan.

Herr Dr. Grauer trug die Personalverantwortung für drei freie und fünf angestellte Mitarbeiter des Produktbereichs. Die von ihm angeworbenen Mitarbeiter erwiesen sich als eine ausgezeichnete Wahl, indem sie sich hervorragend in unsere Geschäftsprozesse einfügten, sich jederzeit in das Geschäft eingebunden fühlten und somit dem Unternehmen eng verbunden waren.

Fachwissen: Herrn Dr. Grauers Fachwissen wird mit sehr gut benotet.

Jederzeit überzeugte uns Herr Dr. Grauer durch sein ausgezeichnetes Fachwissen, auch in Nebenbereichen, welches er stets sicher und gekonnt in der Praxis einsetzte. In Kombination mit seinem guten Projektmanagement und seinem Organisationstalent gelang es ihm, die Produktentwicklung stets im anvisierten Plansoll zu halten.

Mit großer Kreativität, präzisem Analysevermögen und strukturierter Vorgehensweise fand Herr Dr. Grauer stets sehr gute und praktikable Lösungen, die er erfolgreich in der Praxis einsetzte. Dies beweisen besonders seine zahlreichen Designvorschläge und Patente, die den Wert der Firma maßgeblich steigerten.

Verhandlungen führte er stets mit außerordentlichem Fingerspitzengefühl, rhetorischem Geschick und dem nötigen Durchsetzungsvermögen. Für viele Zulieferer waren die Anforderungen außergewöhnlich und erforderten viele Zugeständnisse und Sondermaßnahmen. Auch unter höchster Belastung behielt Herr Dr. Grauer die Übersicht und agierte zielorientiert, sorgfältig und verantwortungsbewusst zum Wohle des Unternehmens. Neben Selbstständigkeit kennzeichnen Flexibilität und viel Sinn für das Machbare seinen Arbeitsstil.

Leistungsbeurteilung: Hier wird ein glattes Sehr gut vergeben.

Herr Dr. Grauer ist ein jederzeit höflicher, kooperativer und teamorientierter Manager, der seine Mitarbeiter durch sein Vorbild an Tatkraft und Dynamik zu stets sehr guten Leistungen motivierte. Innerhalb wie außerhalb unseres Hauses war Herr Dr. Grauer ein allseits beliebter und häufig frequentierter Ansprechpartner.

Wir waren daher mit seinen Leistungen stets und in jeder Hinsicht außerordentlich zufrieden. Sein Verhalten gegenüber den Gesellschaftern, den Kollegen in der Geschäftsleitung, seinen Mitarbeitern und jeglichen dritten Personen war stets vorbildlich.

Verhaltensbeurteilung: Auch Herrn Dr. Grauers persönliches Verhalten wird mit sehr gut bewertet.

Aufgrund der aktuellen wirtschaftlichen Entwicklung hat die Gesellschafterin beschlossen, die Geschäftstätigkeit einzustellen. Die Gründe für die Einstellung der Geschäftstätigkeit hat Herr Dr. Grauer nicht zu vertreten.

Wir bedauern die jüngste Entwicklung außerordentlich und bedanken uns bei Herrn Dr. Grauer für seine geleisteten wertvollen Dienste. Für seine Zukunft wünschen wir ihm beruflich wie persönlich alles Gute und weiterhin viel Erfolg

Schlussformel: Hier wird ausführlich die Situation des Firmenzusammenbruchs geschildert, an dem aber Herr Dr. Grauer offensichtlich keine Schuld trug.

Stuttgart, den 30. September 2001	Ernst Borrmüller Vorsitzender des Aufsichtsrates

Fazit: Trotz des unrühmlichen Endes der Firma ist das Zeugnis in sich stimmig und dürfte für Herrn Dr. Grauer kein Karrierehindernis darstellen.

12 Controller

ZWISCHENZEUGNIS

Einleitung: Hier sind alle wichtigen Elemente vorhanden

Herr Torben Klinkhammer, geboren am 13.12.1971, ist seit dem 14.07.1997 in unserem Unternehmen als Controller tätig.

In dieser Position erledigt Herr Klinkhammer die folgenden Aufgaben:

Tätigkeitsbeschreibung: Sie bleibt im letzten Punkt der Aufzählung etwas vage, ist aber ansonsten hinreichend detailliert.

- Management-Reporting and die Muttergesellschaft in den USA vom deutschen Stammwerk in Augsburg sowie von den Tochtergesellschaften im Ausland auf konsolidierter Basis bezüglich Umsätze, Auftragseingänge, Auftragsbestände, Margen, Plan-Ist-Abweichungen,
- Mitwirkung bei Durchführung von Monats-, Quartals- und Jahresabschlüssen für Stammwerk und Tochtergesellschaften,
- Mitwirkung an allen sonstigen Controllingprozessen.

Darüber hinaus arbeitet Herr Klinkhammer am Aufbau einer Online-Datenbank für das Management-Reporting auf Lotus-Notes-Basis mit, um Informationen zur Auftrags- und Margensituation online abrufbar zu machen.

Fachwissen: Herrn Klinkhammers Fachwissen wird mit sehr gut beurteilt.

Herr Klinkhammer besitzt ein überzeugendes, sehr fundiertes Fachwissen, dass er stets sicher in der Praxis einsetzt. Er versteht die betriebswirtschaftlichen Zusammenhänge unseres Unternehmens bis ins Detail, wodurch er seine Position jederzeit vollumfänglich ausfüllt. Im internationalen Umfeld des Konzerns bewegt sich Herr Klinkhammer souverän durch seine hervorragenden Englischkenntnisse, die er in regelmäßigen Inhouse-Trainings noch vertieft, und sein Verständnis für die Denk- und Arbeitsweise anderer Kulturen.

Herr Klinkhammer ist hoch motiviert, leistungsstark und zielorientiert. Durch sein ausgeprägtes analytisches Denkvermögen und seine sehr schnelle Auffassungsgabe findet er effektive Lösungen, die wir gewinnbringend einsetzen. Er arbeitet stets sehr gewissenhaft und genau, wobei er auch auf wichtige Details achtet.

So beweist Herr Klinkhammer jederzeit äußerste Zuverlässigkeit, Verantwortungsbewusstsein und außerordentliche Qualität in seiner Arbeit. Auch unter stärkster Belastung behält er die Übersicht, agiert ruhig und überlegt. Auch jenseits der geregelten Arbeitszeit setzt er sich erfolgreich zum Wohle des Unternehmens ein.

Wir kennen Herrn Klinkhammer als kommunikativen, teamfähigen und kooperativen Mitarbeiter, der innerhalb wie außerhalb des Stammwerkes ein beliebter und häufig frequentierter Ansprechpartner ist. Er wird wegen seiner Kompetenz, Offenheit und Freundlichkeit über alle Hierarchieebenen hinweg respektiert.

Leistungsbeurteilung: Hier wird ein auf das Controlling abgestimmte Kernkompetenzenportfolio mit einem optimalen Kernsatz verbunden – Note: sehr gut bis sehr gut plus.

Wir sind mit Herrn Klinkhammers Leistungen stets in jeder Hinsicht außerordentlich zufrieden. Sein Verhalten gegenüber Vorgesetzten und Mitarbeitern ist stets vorbildlich.

Verhaltensbeurteilung: Herrn Klinkhammers Verhalten ist makellos.

Dieses Zwischenzeugnis wird auf Herrn Klinkhammers Wunsch ausgestellt. Wir bedanken uns für seine loyalen Dienste und hoffen auf ein noch lange währendes Arbeitsverhältnis.

Augsburg, den 31.12.2001 Peter Braun

Bereichsleiter Controlling

Schlussformel: Hier wird neben dem Dank auch die Hoffnung auf ein weiteres so positives Arbeitsverhältnis ausgedrückt.

Fazit: Herr Klinkhammer ist ein exzellenter Controller, den man sicher nur ungern gehen lassen würde.

13 Controlling Abteilungsleiter

ZEUGNIS

Einleitung: Es werden alle wichtigen Daten genannt.

Herr Marcel Dreihaus, geboren am 24. März 1965, war vom 01.12.1998 bis zum 31.05.2002 in unserem Unternehmen beschäftigt, zuletzt als Abteilungsleiter Controlling.

Seine Laufbahn in unserem Unternehmen begann Herr Dreihaus als Assistant Financial Accounting & Reporting Deutschland. In dieser Position erledigte er zahlreiche unterstützende Aufgaben des Controllings und arbeitete direkt dem Leiter Financial Accounting & Reporting Deutschland zu. Aufgrund seiner herausragenden Leistungen wurde er zum 01.10.2000 zur Abteilungsleiterin Financial Controlling befördert.

Tätigkeitsbeschreibung: Sie dokumentiert durch die strukturierte Aufzählung klar die Kompetenzen und Aufgaben von Frau Dreihaus.

In dieser Position verrichtete und verantwortete er vor allem folgende Tätigkeiten:

- Erstellung des handelsrechtlichen Jahresabschlusses,
- Betreuung der Finanzbuchhaltung und Erstellung der Monats- und Jahresabschlüsse,
- Ansprechpartner in allen Fragen der Rechnungsauslegung,
- Investitionsplanung und -controlling,
- Steuern/Deferred Taxes und Zölle,
- Erstellung der Plan-Bilanzen und Gewinn- und Verlustrechnungen im Rahmen des Business-Plans,
- Zusammenarbeit mit Wirtschaftsprüfern und Steuerberatern,
- Betreuung von Betriebsprüfungen.

Fachwissen: Herr Dreihaus wird hier mit sehr gut bewertet

Insbesondere in punkto Mitarbeiterführung und Mitarbeiterentwicklung nimmt Herr Dreihaus eine Vorbildfunktion ein. So konnten in seinem Verantwortungsbereich eine signifikante Steigerung der Qualifikation der Mitarbeiter und ein Abbau der Überstunden realisiert werden.

Herr Dreihaus verfügt über hervorragende Fachkenntnisse, die er stets sicher in der Praxis einsetzt und mit äußerst fundierten Managementfähigkeiten ideal kombiniert. Alle Aufgaben führte Herr Dreihaus stets selbstständig, sorgfältig und planvoll durchdacht aus.

Besonders hervorzuheben sind sein analytisches Denkvermögen, seine rasche Auffassungsgabe und seine präzise Urteilsfähigkeit, mit der er auch etablierte Prozesse in Frage stellte und optimierte. Seine fünf Mitarbeiter führte er durch sein Vorbild an Tatkraft und einen kollegialen Führungsstil zu gleichbleibend sehr guten Leistungen.

Auch in Situationen mit extrem hohem Arbeitsanfall erwies sich Herr Dreihaus als sehr belastbar und agierte stets ruhig, überlegt und zielorientiert. Schwierige Aufgaben ging er mit Elan an und fand jederzeit sinnvolle und praktikable Lösungen. Mit unermüdlichem Einsatz, Kreativität und Innovationsgeist gab er erfolgreich kontinuierliche Impulse zur wesentlichen Verbesserung unserer Prozesse und Arbeitsabläufe. Er überzeugte in seinen Tätigkeiten stets in qualitativer wie quantitativer Hinsicht.

Aufgrund seines freundlichen und ausgeglichenen Wesens war Herr Dreihaus innerhalb unseres gesamten Unternehmens gleichermaßen geschätzt und beliebt. Teamarbeit, Kooperativität und eine offene Arbeitsatmosphäre genossen bei Herrn Dreihaus Priorität.

Wir waren daher mit den Leistungen von Herrn Dreihaus stets außerordentlich zufrieden. Sein Verhalten gegenüber Vorgesetzten, Kollegen und Mitarbeitern war stets vorbildlich.

Herr Dreihaus verlässt uns mit dem heutigen Tage auf eigenen Wunsch. Wir bedauern dies außerordentlich, weil wir mit ihm eine äußerst wirksame Führungskraft verlieren. Gleichwohl bedanken wir uns für seine geleisteten Dienste und wünschen ihm für seine berufliche wie private Zukunft alles Gute und weiterhin viel Erfolg.

Bad Homburg, 31.05.2002 Adrian Bonsen

Sprecher der Geschäftsführung

Leistungsbeurteilung: Das Portfolio an Kernkompetenzen entspricht dem einer Controller und wird in Verbindung mit dem Kernsatz der Leistungsbeurteilung ebenfalls mit sehr gut bewertet.

Verhaltensbeurteilung: Auch hier wird Herr Dreihaus mit sehr gut bewertet.

Schlussformel: Alle wichtigen Elemente umfassend, untermauert sie die herausragende Position von Herr Dreihaus.

Fazit: Herr Dreihaus wird in dem Zeugnis rundherum mit sehr gut bewertet.

14 Controlling Abteilungsleiterin

ZEUGNIS

Einleitung: Der einleitende Absatz ist fehlerlos.

Frau Caroline Chalupna, geb. am 17.02.1960 in Bergheim, war vom 01.10.1990 bis zum 31.03.1995 in unserem Unternehmen als Abteilungsleiterin Financial Controlling tätig.
In dieser Position verrichtete und verantwortete sie vor allem folgende Tätigkeiten:

Tätigkeitsbeschreibung: Die Auflistung ist in Ordnung.

Financial Accounting & Reporting:

- Betreuung der Finanzbuchhaltung und Erstellung der Monats- und Jahresabschlüsse für die deutsche GmbH und die Schwestergesellschaften in Österreich und der Schweiz im Rahmen eines Financial Shared Service,
- Betreuung der Anlagenbuchhaltung nach US GAAP sowie nach Handels- und Steuerrecht, (... [*siehe CD*])

Cost Accounting:

- Ermittlung und Analyse der Herstellungskosten (Cost of Goods Sold) im Rahmen der Monats- und Jahresabschlüsse nach US GAAP,
- Koordination des gesamten Business-Plan-Prozesses,
- Kalkulation der Intercompany-Verrechnungspreise in Zusammenarbeit mit dem European Logistic Center in Zug (Schweiz),
- Bewertung der Vorräte gemäß Handels- und Steuerrecht für die deutsche GmbH.

Sämtliche Aktivitäten und Verantwortungsbereiche erstreckten sich auf die Länder Deutschland, Österreich und Schweiz. Frau Chalupna trug die Personalverantwortung für insgesamt 18 Mitarbeiter.

Fachwissen: Ihr Fachwissen („hervorragendes Fachwissen, auch in Nebenbereichen") wird mit sehr gut bewertet.

Frau Chalupna verfügt über ein hervorragendes Fachwissen, auch in Nebenbereichen, das sie stets sehr geschickt in der Praxis einsetzte und mit äußerst fundierten Managementqualifikationen kombiniert. (... [*siehe CD*]). Auch in punkto Mitarbeiterführung und Mitarbeiterentwicklung nahm Frau Chalupna eine Vorbildfunktion ein. So konnten in ihrem Verantwortungsbereich eine signifikante Steigerung der Qualifikation der Mitarbeiter nachgewiesen werden.

Mit unermüdlichem Einsatz, Kreativität und Innovationsgeist gab sie erfolgreich kontinuierliche Impulse zur wesentlichen Verbesserung unserer Prozesse und Arbeitsabläufe. Die ihr übertragenen Aufgaben führte Frau Chalupna stets selbstständig, sorgfältig und planvoll durchdacht aus.
Auch in Situationen mit extrem hohen Arbeitsanfall erwies sich Frau Chalupna als sehr belastbar und agierte stets ruhig, überlegt und zielorientiert. Schwierige Aufgaben ging sie mit Elan an und fand jederzeit sinnvolle und praktikable Lösungen. Sie überzeugte in ihren Tätigkeiten stets in qualitativer wie quantitativer Hinsicht.
Besonders hervorzuheben sind ihr analytisches Denkvermögen, ihre rasche Auffassungsgabe, ihr Organisationstalent und ihr ausgezeichnetes Engagement, mit dem sie auch etablierte Prozesse in Frage stellte und optimierte. Ihre Mitarbeiter führte sie durch ihr Vorbild an Tatkraft und einen kollegialen Führungsstil zu gleichbleibend sehr guten Leistungen. Dabei zeigte sie neben einem äußerst effektiven Motivationsverhalten auch das richtige Maß an Durchsetzungsvermögen. Routineaufgaben delegierte Frau Chalupna effektiv und sie setzte ihre Mitarbeiter immer entsprechend ihrer Fähigkeiten und Neigungen ein. Wir waren daher mit Frau Chalupnas Leistungen ohne Vorbehalt stets und in jeder Hinsicht außerordentlich zufrieden.
Aufgrund ihres freundlichen, hilfsbereiten und ausgeglichenen Wesens war Frau Chalupna innerhalb unseres gesamten Unternehmens gleichermaßen geschätzt und beliebt. Ihr Verhalten gegenüber Vorgesetzten, Kollegen und Mitarbeitern war stets vorbildlich.
Aus betriebsbedingten Gründen musste das Arbeitsverhältnis von Frau Chalupna mit dem heutigen Tag beendet werden. Wir bedauern dies außerordentlich, weil wir mit ihr eine ausgezeichnete Führungskraft verlieren. Gleichwohl bedanken wir uns für ihre geleisteten Dienste und wünschen ihr für ihre private wie berufliche Zukunft alles Gute und weiterhin viel Erfolg.

Köln, 31.03.1995 Peter Schmidt

Personalleiter

Leistungsbeurteilung: Sie liegt laut Kernsatz („stets und in jeder Hinsicht außerordentlich zufrieden.") und dem Kontext bei sehr gut.

Verhaltensbeurteilung: Sie wird laut Kernsatz („Ihr Verhalten gegenüber ... war stets vorbildlich.") und dem dazugehörigen Kontext mit sehr gut bewertet.

Schlussformel: Frau Chalupna wurde aus betriebsbedingten Gründen gekündigt. Diese Schlussformel bestätigt die Gesamtbewertung.

Fazit: Frau Chalupna wird mit sehr gut bewertet.

15 Director Marketing & Sales

ZEUGNIS

Einleitung: Hier wird auf die Nennung des Austrittsdatums verzichtet, dies wird in der Schlussformel und bei der Unterschrift dokumentiert.

Herr Marius Dorheim, geb. am 17.12.1967 in Telgte, trat am 01.08.2000 in die FindeOnline.de AG als Director Marketing & Sales ein.

Tätigkeitsbeschreibung: Es werden alle Kernaufgaben nebst Zahlenbeispielen genannt.

In dieser Funktion führte Herr Dorheim ein Sales-Team von 35 Mitarbeitern und erledigte die folgenden vielfältigen Tätigkeiten:

- Zeitungsvertrieb (Betreuung von 75 Verlagspartnern mit mehr als 2.200 Außendienstmitarbeitern): Applikations- und Vertriebsberatung;
- Marketingkommunikation (Budget ca. 25 Mio. EURO p.a.): Wettbewerbspräsentationen, Vertragsverhandlungen und Umsetzung von Maßnahmen mit Agenturen für klassische Werbung und Onlinemarketing;
- Telesales: Telefonverkauf für den Marktplatz Stellenanzeigen,
- Research: Benchmarking, Durchführung von Usability-Tests;
- Customer Care/Servicecenter: Auftragsabwicklung, Inbound, Aufbau der Wissensdatenbank;
- Produktmanagement ASP/XSP: Entwicklung der Fachkonzepte der Applikations- und Service-Dienstleistungen für die kooperierenden Zeitungsverlage;

Fachwissen: Es wird ausführlich dargestellt und mit sehr gut bewertet.

Herr Dorheim verfügt über ein hervorragendes Fachwissen, das er mit einer tiefgehenden Marktkenntnis und einem sicheren Gespür für entscheidende Maßnahmen einer erfolgreichen Marketing- und Verkaufsstrategie verbindet. Er schaffte es stets, unsere und seine Visionen in konkreten Projekten zu definieren und zielorientiert, konsequent und somit erfolgreich umzusetzen. Bei allen Projekten behielt Herr Dorheim die Kosten sowie die Machbarkeit im Blick, so dass er den vorher abgesteckten finanziellen und auch zeitlichen Rahmen immer einhielt. Ebenso erreichte er stets alle vorgegebenen Vertriebsziele.

Mit unermüdlicher Energie trieb Herr Dorheim den Aufbau unseres Unternehmens in einem schwierigen und absolut neuen Umfeld voran. Er setzte sich auch weit jenseits der geregelten Arbeitszeit für uns ein und behielt selbst unter höchster Belastung einen klaren Kopf, um die richtigen Maßnahmen zu ergreifen. Besonders hervorheben möchten wir sein Verhandlungsgeschick auf der Top-Ebene unserer Geschäftspartner. Es gelang Herrn Dorheim immer, komplizierte Sachverhalte einfach darzustellen, Zusammenhänge klar zu erläutern und seine Gesprächspartner von den notwendigen Aktionen zu überzeugen. Präsentationen und Vorträge hielt er mit didaktischem und rhetorischem Geschick.

Leistungsbeurteilung: Hier wird ein sehr umfangreiches Portfolio an Kernkompetenzen mit einem makellosen Kernsatz kombiniert – sehr gut.

Seine 35 Mitarbeiter motivierte Herr Dorheim durch sein Vorbild an Tatkraft und einen kooperativen Führungsstil zu sehr guten Leistungen. Dabei zeigte er bei Bedarf auch das richtige Maß an Durchsetzungsvermögen. Er erfüllte alle Aufgaben stets zu unserer vollsten Zufriedenheit.

Herr Dorheim trat jederzeit hilfsbereit, kooperativ und kommunikativ auf. Seine Vorgesetzten respektierten besonders seine fundierten Managementfähigkeiten. Seine Kollegen und Mitarbeiter schätzten seine offene Art und teamorientierte Arbeitsausrichtung. Innerhalb wie außerhalb des Unternehmens war Herr Dorheim ein beliebter und häufig frequentierter Ansprechpartner. Sein persönliches Verhalten war stets vorbildlich.

Verhaltensbeurteilung: Herrn Dorheims Umgangsformen und Sozialverhalten war makellos – ebenfalls sehr gut.

Herr Dorheim möchte sich beruflich verändern und verlässt uns zu unserem größten Bedauern mit dem heutigen Tage auf eigenen Wunsch. Wir bedanken uns für seine wertvollen Dienste und wünschen ihm für seine berufliche wie private Zukunft alles Gute und weiterhin viel Erfolg.

Schlussformel: Hier werden neben der Begründung für den Ausstieg alle drei wichtigen Elemente genannt.

München, den 30.11.2002 Helmut Grönemann

Vorstand Sales & Marketing

Fazit: Herr Dorheim erhält ein sehr positives Zeugnis, dass ihn mit sehr gut bewertet und von nüchternen Zeugnislesern fast schon als übertrieben gewertet werden könnte.

16 Director Media

ZEUGNIS

Einleitung: Es werden alle zentralen Daten genannt.

Herr Dipl. Designer Erkan Özdogan, geb. am 04.12.1970 in Köln, war vom 01.08.1999 bis zum 31.12.2002 in unserem Unternehmen als Director Media tätig.

Tätigkeitsbeschreibung: Sie fällt knapp, aber doch hinreichend detailliert aus.

Herr Özdogan trug die Hauptverantwortung für den Bereich Multimedia und Technical Realisation. Dabei übernahm er mit seinem Team von bis zu fünf Mitarbeitern die Planung und Erstellung von Layouts sowie die Erstellung von Corporate Identities. Hierzu nahm er Bildbearbeitungsmaßnahmen mit allen gängigen Bildbearbeitungsprogrammen wie Photoshop, Freehand, etc. vor, um die Illustrationen optimal in die bestehenden Konzepte einzupassen. Darüber wendete Herr Özdogan die Techniken Videoschnitt, Soundbearbeitung, 3D-Animation und -design sowie Animation mit Flash regelmäßig an.

Fachwissen: Herrn Özdogans Fachwissen wird mit sehr gut bewertet.

Herr Özdogan kennt sich in allen relevanten Gebieten des Grafik-Designs und der Multimediaumsetzung hervorragend aus und wendet sein Wissen stets sicher in der Praxis an. Seine Kreativität und sein analytisches Denken sind sehr ausgeprägt, so dass er auch für schwierige Probleme sehr gute Lösungen fand, die bei unseren Klienten auf Begeisterung stießen. Zielsicher, dynamisch und unter Beachtung auch von Details führte Herr Özdogan alle Projekte zu einem erfolgreichen Abschluss.

Mit großem Engagement, Leistungsstärke und sehr hoher Motivation setzte sich Herr Özdogan auch jenseits einer geregelten Arbeitszeit für unser Unternehmen ein. Er ist sehr belastbar und führt ergebnisorientierte Maßnahmen entschlossen durch. Sorgfalt, Schnelligkeit und Verantwortungsbewusstsein prägen seinen Arbeitsstil. In der Projektarbeit führte er bis zu 10 Mitarbeiter fachlich, die ihn stets als Autorität respektierten. Herrn Özdogans Leistungen haben stets und in jeder Hinsicht unsere volle Anerkennung gefunden.

Leistungsbeurteilung: Viele Kernkompetenzen und die volle Anerkennung im Kernsatz ergeben die Note sehr gut.

Herr Özdogan verhielt sich jederzeit hilfsbereit, freundlich und offen. Innerhalb wie außerhalb des Unternehmens war er ein häufig frequentierter und sehr geschätzter Ansprechpartner. Er übte und akzeptierte sachliche Kritik und integrierte sich reibungslos in unser Team. Sein Verhalten gegenüber Vorgesetzten, Mitarbeitern und Kunden war stets vorbildlich.

Verhaltensbeurteilung: Auch hier gibt es nichts zu beanstanden – sehr gut.

Herr Özdogan verlässt uns auf eigenen Wunsch, um eine längerfristige Weiterbildungsmaßnahme zu absolvieren. Wir bedauern seine Entscheidung sehr und danken ihm für seine hervorragende Arbeit. Für seine berufliche wie persönliche Zukunft wünschen wir ihm alles Gute und weiterhin viel Erfolg. Wir würden uns freuen, ihn mit seiner neuen Qualifikation in unser Unternehmen wieder aufnehmen zu können.

Schlussformel: Hier werden nicht nur alle Elemente angeführt, sondern sogar der Wille zur Wiedereinstellung bekundet – mehr kann man nicht erwarten.

Köln, den 30.12.2002 Konrad Kosslar

Country Manager InfoGroup Germany

Fazit: Herr Özdogan kann sich mit diesem Zeugnis bedenkenlos weiterbewerben.

17 Entwicklungsingenieur Bildverarbeitung

ZEUGNIS

Einleitung: Der einleitende Satz ist in Ordnung.

Herr Martin Flender, geboren am 27.11.1968, war vom 01.02.1998 bis zum 31.07.2000 in unserem Unternehmen als Entwicklungsingenieur im Bereich Bildverarbeitung tätig.

Tätigkeitsbeschreibung: Sie ist ausreichend detailliert, deshalb dürften Herrn Flender keine Karrierenachteile entstehen.

Durch seine guten Kenntnisse in der angewandten Optik und den Grundlagen der Bildverarbeitung konnte er von Anbeginn seiner Tätigkeit für konkrete Entwicklungsaufgaben eingesetzt werden. Zu diesen Aufgaben gehörten vor allem vorbereitende Experimente zur Sichtbarmachung und Unterscheidbarkeit von Fehlern und Demonstrationen bei Kundenanfragen. Ergänzend hierzu hat er daraus optimale Lösungskonzepte und Kurzberichte abgeleitet, die als Grundlage für die Erstellung von Angeboten und zur Realisierung von Projekten dienten.

Bei Kundenaufträgen wurden Herrn Flender der Entwurf der Optik und Beleuchtungstechnik sowie die Konstruktion des Aufbaus der Prüfgeräte entsprechend den spezifischen industriellen Anforderungen verantwortlich übertragen.

Fachwissen: Es („guten Kenntnisse") wird mit gut bewertet.

In Verbindung mit diesen Aufgaben hat er seine guten Grundkenntnisse in der angewandten Optik erweitert und gute Kenntnisse in der Konstruktion mit AutoCAD sowie in der Nutzung der Bildverarbeitungsfunktionen unseres Toolpaketes WABDAL erworben.

Für alle ihm übertragenen Aufgaben hat er sich engagiert und dabei auch versucht, die komplexen Zusammenhänge zu erfassen. Durch eigene Ideen hat Herr Flender dazu beigetragen, dass wir anspruchsvolle Aufgaben effektiv lösen konnten. Er ist als Teamarbeiter gewohnt, selbstständig zu arbeiten. Die ihm übertragenen Aufgaben erledigte er stets zu unserer vollen Zufriedenheit.

Sein Verhalten gegenüber Vorgesetzten und Mitarbeitern war stets einwandfrei.

Herr Flender beendet das Arbeitsverhältnis zum 31.07.2000 auf eigenen Wunsch. Wir bedauern dies und danken ihm für die geleistete Arbeit. Für seinen weiteren Berufsweg und auch privat wünschen wir ihm alles Gute.

Köln, den 31.07.2000 Dr. Meyer

Geschäftsführer

Leistungsbeurteilung: Sie liegt laut Kernsatz („...stets zu unserer vollen Zufriedenheit.") und dem Kontext bei gut minus. Er wird nicht mit gut bewertet, weil die Formulierung – „dabei auch versucht, die komplexen Zusammenhänge zu erfassen", impliziert, dass er die Zusammenhänge nicht immer erfasst hat.

Verhaltensbeurteilung: Sie wird laut Kernsatz („ist stets einwandfrei.") und dem Kontext mit gut minus bewertet.

Schlussformel: Sie ist vollständig.

Fazit: Herr Flender wird mit gut minus bewertet.

18 Entwicklungsingenieurin Sensorphysik

ZEUGNIS

Einleitung: Der einleitende Satz ist in Ordnung.

Frau Diplom-Ingenieur Anja Janz, geboren am 01.11.1957 in Stuttgart, war vom 1.02.1997 bis zum 31.07.2002 in unserem Unternehmen als Entwicklungsingenieur in dem Bereich Forschung und Entwicklung, Abteilung Sensorphysik, tätig.

Die Firma Arpax GmbH in Köln entwickelt, produziert und vertreibt weltweit sensorbasierte Qualitätsleitsysteme sowie Produktionssteuerungssysteme zur Qualitätssicherung der Produktion in der Papier- und Kunststoffindustrie.

Tätigkeitsbeschreibung: Sie ist ausreichend detailliert, deshalb entstehen ihr keine Karrierenachteile.

Frau Janz war für folgende Aufgaben zuständig:

- Entwicklung und messtechnische Betreuung von Sensoren/Sensorsystemen,
- Entwicklung physikalischer Messmethoden,
- Projektierung und Planung der Entwicklung von Sensoren in Zusammenarbeit mit unseren anderen Entwicklungsabteilungen (Konstruktion, Elektronik, Software),
- Erarbeitung von Messmodellen zur Berechnung von technischen Einheiten aus Rohsignalen,
- Erarbeitung von Kalibrier- und Fertigungsanweisungen.
- Untersuchung und Optimierung von Applikationen mit radiometrischen Sensoren zur Messung des Flächengewichts und des Füllstoffgehaltes von Papier unter Ausnutzung von Ionisationskammern und radioaktiven Isotopen wie Krypton 85, Promethium 147, Eisen 55.
- Untersuchungen zum Einsatz röntgenphysikalischer Messmethoden zur selektiven Bestimmung des Füllstoffgehaltes in Papier unter Verwendung von Transmissions-Röntgenröhren mit Targets aus Kalzium, Titan und Eisen.

Ihre im Laufe dieser Tätigkeiten hervorragend unter Beweis gestellten Fähigkeiten zur Eigeninitiative, Selbstständigkeit und zielorientierten Problemlösung veranlassten uns, Frau Janz im Sommer 1999 mit der Projektleitung für die Entwicklung eines technisch anspruchsvollen multifunktionalen Sensors im Rahmen unseres größten Entwicklungsprojektes für das Qualitätsleitsystems PAS zu beauftragen.

Frau Janz zeigte bei der Aufgabenerledigung stets außergewöhnlichen Einsatz und hervorragende Leistungen in quantitativer wie in qualitativer Hinsicht. Sie bewies in allen ihr übertragenen Aufgaben eine vorbildliche Arbeitshaltung und arbeitete auf Grund ihres sehr guten Fachwissens immer selbstständig und sehr zielstrebig. Die ihr übertragenen Aufgaben führte sie auch durch ihre Kreativität, Flexibilität und Organisationskompetenz rasch zum Erfolg. Frau Janz ist eine unermüdliche und außergewöhnlich belastbare Mitarbeiterin, die allen neuen Vorhaben aufgeschlossen begegnete. Anhaltenden Fleiß verband sie mit unverkennbarer Freude und Leidenschaft an ihrer Tätigkeit. Sie handelte mit großem Weitblick und großer Übersicht stets pflichtbewusst und zuverlässig und erbrachte auch in Ausnahmesituationen ausgezeichnete Leistungen. Wir waren mit den Leistungen von Frau Janz stets außerordentlich zufrieden.

Frau Janz war eine verantwortungsbewusste und zuverlässige Mitarbeiterin, die zu Vorgesetzten und Kollegen stets ein gutes Verhältnis hatte. Als Projektleiterin trug sie die Führungsverantwortung für bis zu 13 Mitarbeiter, die sie stets überzeugen und zu hohen Leistungen motivieren konnte. Dabei zeigte sich Frau Janz immer kooperativ und freundlich. Auf verschiedenen Auslandsreisen, besonders nach Neuseeland und Japan, zum Testen vor Ort bewies sie zudem die Fähigkeit, auch in anderen Kulturkreisen effektiv zu kommunizieren und Projekte wie Verhandlungen erfolgreich abzuschließen. Frau Janz‘ Verhalten gegenüber Vorgesetzten, Mitarbeitern und Kunden war stets einwandfrei.

Frau Janz scheidet mit dem heutigen Tag auf eigenen Wunsch aus unserem Unternehmen aus. Wir bedauern ihre Entscheidung sehr, da wir mit ihr eine sehr wertvolle Mitarbeiterin verlieren. Wir danken ihr für ihre erfolgreiche Mitwirkung in unserem Unternehmen und wünschen ihr weiterhin viel Erfolg und persönlich alles Gute.

Köln, 31.07.2002 Dr. Peter Sonstig

Bereichsleiter Forschung und Entwicklung

Fachwissen:
Ihr Fachwissen („sehr guten Fachwissens“) wird mit sehr gut bewertet.

Leistungsbeurteilung:
Sie liegt laut Kernsatz („Wir waren mit den Leistungen von Frau Janz stets außerordentlich zufrieden.“) und dem Kontext bei sehr gut.

Verhaltensbeurteilung:
Sie liegt laut Kernsatz („Verhalten gegenüber ... war stets einwandfrei.“) und dem Kontext bei gut.

Schlussformel:
Sie ist in Ordnung, sie bewertet Frau Janz mit sehr gut.

Fazit:
Frau Janz wird mit sehr gut minus bewertet.

19 Fondsmanager

ZEUGNIS

Einleitung: Im einleitenden Satz fehlt das Geburtsdatum und der Geburtsort von Herrn Gernd.

Herr Peter Gernd trat am 15.08.1991 in unser Unternehmen ein und war bis zum 31.07.1996 als Fondsmanager in diesem tätig.

Zu dem Aufgabengebiet von Herrn Gernd gehörten sämtliche Tätigkeiten, die den Geschäftsbereich Immobilien- und Mobilien-Leasing abdeckten. Die Projekte hatten teilweise ein Volumen von über dreihundert Millionen deutsche Mark.

Tätigkeitsbeschreibung: Herrn Gernds Tätigkeiten werden im Zeugnis sehr detailliert beschrieben, deshalb entstehen ihm keine Karrienachteile.

Herr Gernd führte die banküblichen Bonitäts- und Objektbeurteilungen anhand von Beleihungsunterlagen, Kundendaten und Jahresabschlussunterlagen durch. Auf dieser Grundlage erstellte er entscheidungsreife Vorlagen für die Geschäftsführung und Aufsichtsgremien. Neben der Vertragsgestaltung gehörte die Konzeption der notwendigen Objekt-Gesellschaft, die für die einzelnen Finanzierungs-Strukturen regelmäßig zum Einsatz kommen, zum Aufgabengebiet. Während der Vertragsabschlussphase sowie der laufenden Vertragsbetreuung hat Herr Gernd den telefonischen und persönlichen Kontakt mit den Kunden sowie deren Steuerberater, Rechtsberater und Wirtschaftsprüfer gehalten und die erforderlichen Absprachen getroffen.

Nach Vertragsabschluss wurde von Herrn Gernd für die Neu-Engagements die laufende Vertragsbetreuung zusätzlich zu der Betreuung der Bestandsverträge durchgeführt. Dazu zählte die Rechnungsprüfung während der Objekt-Errichtungs-Phase sowie die Prüfung der laufenden Nebenkosten, die Rechnungsfreigabe und Finanzierungsmittel-Disposition. Hierzu gehörte die Entwicklung der notwendigen Finanzierungsstrukturen unter Berücksichtigung der speziellen Anforderungen an die Konzernrechnungslegung einer Großbank. Bei Routineaufgaben hatte Herr Gernd Delegationsbefugnis.

Er nahm an externen fachlichen Weiterbildungsveranstaltungen teil, wodurch er sein umfassendes Fachwissen zum Nutzen des Unternehmens stets aktualisierte und erweiterte. Er war ein sehr engagierter, stets kompetenter, zuverlässiger und verantwortungsbewusster Mitarbeiter unseres Hauses.
Herr Gernd hat sich aufgrund seiner fundierten Vorkenntnisse sehr schnell in sein Aufgabengebiet eingearbeitet und die ihm übertragenen Arbeiten selbstständig und stets zu unserer vollen Zufriedenheit erfüllt.

Sein Verhalten gegenüber Vorgesetzten, Mitarbeitern und Kunden war jederzeit einwandfrei. Aufgrund seines freundlichen Wesens und seiner offenen Art war Herr Gernd ein stets respektierter und beliebter Ansprechpartner für unsere Kunden und Mitarbeiter.

Aus betriebsbedingten Gründen musste das Arbeitsverhältnis von Herrn Gernd mit dem heutigen Tag beendet werden. Wir bedauern diese Entwicklung, weil wir mit ihm einen guten Mitarbeiter verlieren. Wir wünschen ihm für die Zukunft beruflich und persönlich alles Gute und bedanken uns für die jederzeit gute Mitarbeit.

Düsseldorf, den 31.07.1996 Jürgen Peters

Geschäftsführer

Fachwissen: Sein FW („umfassendes Fachwissen") wird mit gut bewertet.

Leistungsbeurteilung: Sie liegt laut Kernsatz („stets zu unserer vollen Zufriedenheit erfüllt.") und dem Kontext bei gut.

Verhaltensbeurteilung: Sie liegt laut Kernsatz („Sein Verhalten gegenüber ... war jederzeit einwandfrei. ") und dem Kontext bei gut.

Schlussformel: Herrn Gernd wurde aus betriebsbedingten Gründen gekündigt, die Gesamtbewertung des Zeugnisses wird hier bestätigt.

Fazit: Herr Gernd wird mit gut bewertet.

20 Gebietsleiter Außendienst

ZEUGNIS

Einleitung: Sie ist in Ordnung.

Herr Jürgen Krähe, geb. am 08.11.1958 in Wesel, war vom 01.05.1990 bis zum 30.04.1994 in unserem Unternehmen als Gebietsleiter im Außendienst tätig.

Die Firma BOVARI GmbH ist weltweit einer der führenden Anbieter im Bereich Gewächshäuser, Gartenhäuser und Metallgerätehäuser.

Tätigkeitsbeschreibung: Herrn Krähes Tätigkeiten sollten in Anbetracht der Tatsache, dass er vier Jahre im Unternehmen gearbeitet hat, ausführlicher aufgelistet werden.

Im Wesentlichen verrichtete und verantwortete Herr Krähe die folgenden Aufgaben:

- Vertrieb, Verkauf und Betreuung bei Handelsunternehmen der Baumarktbranche sowie im Fachhandel,
- Akquisition von Kunden und deren Betreuung,
- Durchführung von Schulungen der Mitarbeiter bei entsprechenden Handelsunternehmen,
- Anleitung und Ausbildung der ihm unterstellten Mitarbeiter, neun Merchandiser, im Außendienst,
- Erstellen von Standortanalysen bezüglich Wettbewerber.

Herr Krähe verantwortete einen Umsatz von 25 Mio. DM pro Jahr.

Fachwissen: Sein FW („ausgezeichneten Fachkenntnisse") wird mit sehr gut bewertet.

Wir haben Herrn Krähe als sehr engagierten, flexiblen, hoch motivierten und sehr fähigen Mitarbeiter kennengelernt. In seine Aufgabengebiete arbeitete er sich schnell ein und lieferte innerhalb kürzester Zeit sehr gute Ergebnisse. Dabei verband er sein hervorzuhebendes Verkaufstalent, welches sich besonders im täglichen Umgang mit unseren Kunden zeigte, mit ausgezeichneten Fachkenntnissen. Daher war Herr Krähe bei unseren Kunden ein stark und sehr gern frequentierter Ansprechpartner. Seine Schulungen führte er sowohl mit rhetorischem als auch didaktischem Geschick durch.

Herr Krähe fand für jedes in unternehmensinternen Prozessen notwendigerweise auftretende Problem schnell kreative und praktikable Lösungen, die er stets erfolgreich in die Praxis umsetzte. Dabei bewies er ein besonderes Gespür für die strategische Umsetzung von Marketingfragen sowie die Optimierung von Verkaufsprozessen. Herr Krähe arbeitete stets sehr zielorientiert, genau, zügig und mit nicht nachlassendem Eifer. Seine Mitarbeiter führte und motivierte er zu gleichbleibend guten Ergebnissen, wobei er ihnen, wann immer nötig, gern und erfolgreich mit Rat und Tat zur Seite stand. Wir waren mit seinen Leistungen stets und in jeder Hinsicht außerordentlich zufrieden.

Leistungsbeurteilung: Sie liegt laut Kernsatz („...stets und in jeder Hinsicht außerordentlich zufrieden.") und dem Kontext bei sehr gut.

Auch innerhalb unseres Hauses war Herr Krähe ein von allen respektierter und geschätzter Mitarbeiter. Sein Verhalten zu Vorgesetzten, Kollegen und Kunden war stets vorbildlich.

Verhaltensbeurteilung: Sie wird laut Kernsatz („Sein Verhalten zu Vorgesetzten, Kollegen und Kunden war stets vorbildlich.") und dem Kontext mit sehr gut bewertet.

Leider können wir Herrn Krähe in unserem Unternehmen keine weitere Perspektive mehr bieten, weil die Vertriebsstruktur innerhalb unseres Unternehmens geändert wird. Wir bedauern diesen Umstand außerordentlich, können aber verstehen, dass sich Herr Krähe nach neuen Herausforderungen umsehen und unser Unternehmen verlassen möchte. Daher endet sein Arbeitsverhältnis zum 30.04.1994 per Aufhebungsvertrag. Wir danken ihm für seine geleisteten hervorragenden Dienste und wünschen ihm für seine berufliche wie private Zukunft alles Gute und weiterhin viel Erfolg.

Schlussformel: Sie ist in Ordnung, damit wird die Gesamtbewertung des Zeugnisses bestätigt.

Weimar, den 30.04.1994 Dr. Jakob Beyer

Geschäftsführer

Fazit: Herr Krähe wird mit sehr gut minus bewertet.

21 Geschäftsführer Interim

ZEUGNIS

Einleitung: Es werden alle wichtigen Elemente genannt.

Herr Christoph Weiß, geb. am 23.11.1955 in Karlsbad, war vom 01.01.2000 bis zum 31.03.2002 in unserer Tochtergesellschaft in Indonesien als Interim-Geschäftsführer tätig.

Das 1996 gegründete Werk erwirtschaftete zunächst hohe Verluste, weshalb wir Herrn Weiß als Trouble Shooter engagierten. Er berichtete direkt an den Vorstand der Holding in Deutschland.

Tätigkeitsbeschreibung: Hier wird kurz, aber dennoch hinreichend detailliert auf den Kompetenz- und Verantwortungsbereich von Herrn Weiß eingegangen.

Herr Weiß erledigte seine Aufgabe mit außerordentlichem Erfolg. Unmittelbar nach seinem Antritt begann er mit umfangreichen Restrukturierungsmaßnahmen, durch die er den baldigen Turn Around des Unternehmens erreichte. Er organisierte den Einkauf, die Produktion sowie das Finanz- und Rechnungswesen neu und erzielte so eine erhebliche Verbesserung der Ertragslage.

Die Belegschaft beträgt heute 465 Mitarbeiter, die größtenteils in der Produktion beschäftigt sind. Unter Herrn Weiß‘ Regie stieg die Produktivität der Mitarbeiter um 27%, die Bruttomarge von 22% auf über 40% und die Overheadkosten konnten deutlich verringert werden, so dass unser Unternehmen heute über eine optimierte Kostenstruktur verfügt.

Fachwissen: Es wird mit sehr gut benotet.

Herr Weiß überzeugte durch sein ebenso fundiertes wie breites Fachwissen, das er stets sehr gekonnt in der Praxis einsetzte. Durch seine mehrjährige Erfahrung als Interim-Geschäftsführer lieferte er jederzeit sehr gute, brauchbare Ideen und setzte diese effektiv und zügig um. Dabei griff er sicher auf seine Organisations- und Planungskompetenz, sein präzises Analysevermögen und seine sehr guten Projektmanagementtechniken zurück.

Verhaltensbeurteilung: Hier wird Herr Weiß mit gut bis sehr gut beurteilt.

Seine Mitarbeiter führte Herr Weiß durch sein Vorbild an Motivation und Tatkraft sowie einen konsequenten Führungsstil zu sehr guten Ergebnissen. Er war als Führungskraft jederzeit anerkannt und respektiert, wobei er sein Team stets umfassend informierte. Er drückt sich klar aus und verfügt über sehr solide Präsentationstech-

niken. Selbstständigkeit, Entscheidungsfreude, Zielorientierung und Verantwortungsbewusstsein prägen seinen Arbeitsstil. Herr Weiß erwarb sich durch sein ergebnisorientiertes Handeln auch den hohen Respekt und die Anerkennung seiner Vorgesetzten.
Wir waren mit seinen Leistungen stets und in jeder Hinsicht außerordentlich zufrieden.

Herr Weiß ist ein kooperativer, hilfsbereiter und höflicher Manager, der als Führungskraft das nötige Durchsetzungsvermögen zeigte. Er verhielt sich dem Unternehmen und seinen Mitarbeitern gegenüber jederzeit loyal und war innerhalb wie außerhalb unseres Hauses ein allseits beliebter und häufig frequentierter Ansprechpartner. Sein Verhalten gegenüber Vorgesetzten, Mitarbeitern und dritten Personen war stets einwandfrei.

Herr Weiß verlässt uns bereits vorzeitig auf eigenen Wunsch, weil er nach dem Erreichen des sicheren Turn Arounds keine Herausforderung mehr in seiner Tätigkeit sieht. Wir bedauern seinen Weggang sehr, bedanken uns jedoch für seine geleisteten wertvollen Dienste. Für seine berufliche wie private Zukunft wünschen wir ihm alles Gute und weiterhin viel Erfolg.

Fulda, den 31.03.2002 Dr. Axel Immermann

Vorstand Vertrieb

Leistungsbeurteilung: Hier findet sich ein adäquates Bündel an Kernkompetenzen und ein perfekter Kernsatz zur Leistungsbeurteilung – sehr gut.

Schlussformel: Sie dokumentiert ein typisches Verhalten für einen Interim-Manager, der vorzugsweise dann geht, wenn der Turn Around im Unternehmen geschafft ist: Das Zeugnis ist stimmig.

Fazit: Herr Weiß erhält ein sehr gutes Zeugnis, dass ihn auf seinem weiteren Karriereweg als gute Referenz dienen wird.

22 Geschäftsführer IT-Bereich

ZEUGNIS

Einleitung: Im einleitenden Satz fehlt der Geburtsort von Herrn Denz.

Herr Jürgen Denz, geb. am 27. Januar 1961, war vom 01.02.1994 bis zum 31.07. 1998 in unserem Unternehmen als Geschäftsführer tätig.

Unser Unternehmen ITT-PAX gliedert sich in die drei Unternehmensbereiche: Internet-Services, E-Business und IT-Training. Am Hauptsitz des Unternehmens in Bochum steht ein Team von 70 festen Mitarbeiterinnen und Mitarbeitern bereit, um Kunden aus den Bereichen zu bedarfsorientierten IT-Lösungen zu verhelfen. Im Wirtschaftsjahr 1997 erzielte die ITT-PAX einen Gesamtumsatz in Höhe von 15 Mio. DM.

Tätigkeitsbeschreibung: Sie ist angemessen detailliert, deshalb empfiehlt er sich bei jedem künftigen Arbeitgeber als kompetente Führungskraft.

In der Position des Geschäftsführers war Herr Denz für folgende Bereiche zuständig:

- IT-Systeme,
- Internet-Services,
- E-Business / E-Knowledge-Management,
- IT-Training.

Herr Denz trägt die Personalverantwortung für ein Team von 10 Mitarbeiterinnen und Mitarbeitern. Er verfügt über hervorragende IT-Kenntnisse in den Bereichen Betriebssysteme, LAN / WAN, Internet / Intranet, Office-Applikationen und Standardapplikationen.

Fachwissen: Herrn Denz' Fachwissen wird mit sehr gut beurteilt.

Es gelang ihm stets, sein sehr gutes Fachwissen effektiv und effizient in der Praxis einzusetzen. Herr Denz überzeugte uns auch durch seine hervorragende Organisations- und Planungskompetenz, die er souverän in der Praxis umsetzte. So verfügt er über sehr fundierte Projektmanagement-Techniken und über ein sehr gutes PAX- und Moderatoren-Know-how, welches er mit effektiven Präsentationstechniken verbindet. Herr Denz verfügt über sehr gute rhetorische Fähigkeiten, die er stets umsetzt. Er war stets über neueste Entwicklungen in seinem Wissensbereich auf dem Laufenden und informierte seine Mitarbeiter immer umfassend. Sowohl in firmeninternen wie -externen Gesprächen bewies Herr Denz ein bemerkenswertes Verhandlungsgeschick.

Bei seinen strategischen Entscheidungen griff Herr Denz stets sicher auf sein hoch entwickeltes Analysevermögen sowie seine ausgeprägte Fähigkeit zum logischen und vernetzten Denken zurück. Er ist ein ebenso konsequenter wie systematischer Problemlöser, der durch Kreativität und Innovationsorientierung überzeugt. Auch in Stresssituationen oder unter hohem Termindruck behielt er immer die Übersicht und einen kühlen Kopf. Wir haben Herrn Denz als hoch motivierten, mobilen, sehr leistungsstarken und belastbaren Mitarbeiter erlebt, der die Unternehmensziele auch bei Schwierigkeiten und Hindernissen konsequent verfolgte. Seine Mitarbeiter führte er besonders durch sein Vorbild an Überzeugungskraft, welche er mit einem freundlichen Wesen verband, und Kontaktstärke, wobei er bei in Prozessen bisweilen notwendigerweise auftretenden Konfliktsituationen auch Durchsetzungsvermögen und Kritikfähigkeit bewies. Wir waren mit seinen Leistungen stets und in jeder Hinsicht außerordentlich zufrieden.

Leistungsbeurteilung: Sie liegt laut Kernsatz („Wir waren mit seinen Leistungen stets und in jeder Hinsicht außerordentlich zufrieden.") und dem Kontext bei sehr gut.

In der innerbetrieblichen Kommunikation pflegte Herr Denz eine Atmosphäre der Kooperationsbereitschaft, der Integration und Teamorientierung. So konnte er Routineaufgaben delegieren und seine ausgeprägten Managementqualifikationen voll zum Wohl des Unternehmens entfalten. Sowohl innerhalb als auch außerhalb unseres Unternehmens war er ein häufig frequentierter Ansprechpartner und allseits anerkannt und geschätzt. Sein Verhalten zu Vorgesetzten, Mitarbeitern und Kunden war stets einwandfrei.

Verhaltensbeurteilung: Sie wird laut Kernsatz („Sein Verhalten ... war stets einwandfrei.") und dem Kontext mit gut bewertet.

Herr Denz verlässt uns mit dem heutigen Tag auf eigenen Wunsch. Wir bedauern diese Entscheidung, da wir mit ihm einen wertvollen Mitarbeiter verlieren. Wir danken ihm für seine loyalen und erfolgreichen Dienste und wünschen ihm für seine berufliche wie private Zukunft alles Gute und weiterhin viel Erfolg.

Fazit: Herr Denz wird mit sehr gut minus bewertet.

Bochum, 31.07.1998 Heiner Müller

Personalchef

23 Geschäftsführer Produktion

ZEUGNIS

Einleitung: Sie enthält alle wichtigen Elemente

Herr Diplom-Betriebswirt (FH) Bert Maler, geboren am 16. Mai 1966 in Wiesbaden, war vom 1. Mai 1994 bis zum 30. September 2001 als Geschäftsführer in unserem Tochterunternehmen in Korea tätig.

Tätigkeitsbeschreibung: Hier werden Tagesgeschäft und Projekterfolge kombiniert und gut gegliedert dargestellt.

Sein Aufgabengebiet umfasste die kaufmännische und organisatorische Leitung unseres Produktionsbetriebes in Korea mit 550 Mitarbeitern. Herr Maler war dem Inhaber direkt unterstellt.
Seine Tätigkeiten und Verantwortungsbereiche umfassten neben der Planerfolgsrechnung, Finanzplanung und monatlichen, vierteljährlichen sowie jährlichen Berichterstattung an die Konzernleitung auch alle Belange der Produktionsplanung und -kontrolle.
Darüber hinaus kümmerte sich Herr Maler um alle Belange des Personalwesens und leitete das Marketing und den Verkauf für die Direktkunden in Asien, Amerika und GUS. Außerdem pflegte er alle Kontakte zu Behörden, Banken und Versicherungen.

Herr Maler war ebenfalls zuständig für Marketing und Verkauf an unsere internationalen Großkunden. Durch seine Zielstrebigkeit und sein Verhandlungsgeschick gelang es ihm, den Umsatz in diesem Bereich jährlich mit zweistelligen Zuwachsraten zu steigern. Herr Maler beschränkte sich dabei nicht nur darauf, das Geschäft mit dem bestehenden Kundenstamm zu vergrößern, sondern dank seiner hohen Einsatzbereitschaft schaffte er es auch, wichtige internationale Neukunden für das Unternehmen zu gewinnen.

Im Bereich der Produktion wurden aufgrund von Herrn Malers Einsatzbereitschaft und Motivationsfähigkeit bemerkenswerte Steigerungen des Leistungsgrades realisiert. Dieses positive Ergebnis wurde ergänzt durch eine von Herrn Maler erreichte kontinuierliche Senkung des Überstundenanteils in unserem Unternehmen von 15% auf zuletzt 2%.

Herr Maler verfügt über äußerst fundierte Fachkenntnisse, welche er in allen seinen Aufgabenbereichen erfolgreich einsetzte. Er zeigte stets Eigeninitiative und beeindruckte durch seine vorbildliche Arbeitsauffassung. Seine Arbeitsweise war geprägt von großem Pflichtbewusstsein und hoher Zuverlässigkeit, weswegen er bei der Inhaberfamilie, seinen Kollegen, Mitarbeitern und unseren Geschäftspartnern außerordentlich beliebt und geschätzt war und ist. Herr Maler bewegt sich sehr sicher auf internationalem Parkett, beherrscht die Landessprache verhandlungssicher und fühlt sich hervorragend in die Denk- und Arbeitsweise anderer Kulturen ein. Dadurch konnte er seine außerordentlichen Managementfähigkeiten global erfolgbringend einsetzen und motivierte seine Mitarbeiter zu sehr guten Ergebnissen.

Wir waren mit Herrn Malers Leistungen stets und in jeder Hinsicht außerordentlich zufrieden. Sein Verhalten gegenüber Vorgesetzten, Kollegen, Mitarbeitern und Geschäftspartnern war stets vorbildlich.

Herr Maler möchte unser Unternehmen in Korea auf eigenen Wunsch verlassen, um seiner Karriere eine neue Richtung zu geben. Aufgrund der außerordentlichen Leistungen, die Herr Maler für unser Unternehmen erbracht hat, möchten wir ihn auf keinen Fall verlieren und haben ihm deshalb das Angebot gemacht, eine Vertriebsorganisation für unsere Produkte in Südafrika aufzubauen.

Zu unserer großen Zufriedenheit nimmt Herr Maler das ihm unterbreitete Angebot an. Wir bedanken uns bei ihm für seine bisher geleisteten sehr wichtigen Dienste und zweifeln nicht daran, dass er seine neue Aufgabe mit ebensolchem Erfolg bewältigen wird.

Plochingen, den 30. September 2001 Erich Menkes

Hauptgesellschafter

Fachwissen: Herrn Malers Fachkenntnisse liegen auf einem sehr guten Nveau.

Leistungsbeurteilung: Die zu erwartenden Kernkompetenzen werden mit einem makellosen Kern-satz abgerundet und mit sehr gut bewertet.

Verhaltensbeurteilung: Herrn Malers Verhalten wird ebenfalls mit sehr gut bewertet.

Schlussformel: Sie fällt ungewöhnlich aus, da Herr Maler innerhalb des Konzerns in eine andere Tochtergesellschaft wechselt und somit dem Gesamtkonzern trotz der Beendigung des Arbeitsverhältnisses in Korea erhalten bleibt.

Fazit: Herr Maler wird mit sehr gut bewertet und erhält somit ein makelloses Zeugnis.

24 Geschäftsführerin Vertrieb

ZEUGNIS

Einleitung: Sie ist in Ordnung.

Frau Anke Reinschmidt, geb. am 22.03.1963 in Duisburg, war vom 01.08.1994 bis zum 31.07.1997 in unserem Unternehmen als Geschäftsführerin Vertrieb beschäftigt.

Tätigkeitsbeschreibung: Frau Reinschmidts Aufgabenfelder werden im Zeugnis sehr detailliert beschrieben.

Während ihrer Zeit in unserem Unternehmen verantwortete Frau Reinschmidt die folgenden Tätigkeiten:

- Umsatzplanung und Kontrolle des Bereichs Vertrieb/Marketing,
- Leitung, Koordination, Motivation und allgemeine Führung der Mitarbeiter,
- Mitarbeiterauswahl, Einstellungsgespräche und Integration neuer Mitarbeiter in das Unternehmen bzw. Vertriebs- und Marketing-Team von zuletzt 12 Mitarbeitern,
- Erarbeitung von Vertriebsstrategien,
- Bankgespräche in Abstimmung bzw. gemeinsam mit dem zweiten Geschäftsführer,
- Organisation, Durchführung und Moderation von Vertriebsmeetings,
- Überwachung der Fertigstellung von Serversystemen und Anpassungen,
- Vorbereitung von Verträgen,
- Akquise und Verhandlungen mit strategischen Partnern bis hin zum Abschluss von Kooperationsverträgen. (... [*Siehe CD*])

Besonders hervorheben möchten wir Frau Reinschmidts Fähigkeiten und Verdienste im Bereich Multimedia. Hier hat sie durch die Gewinnung erster Kundenprojekte im Bereich Multimedia und Erschließung von neuen Marktsegmenten sehr erfolgreich für unser Unternehmen gearbeitet.
Frau Reinschmidt hat weiterhin den E-Commerce-Bereich unseres Unternehmens erfolgreich aufgebaut. Hierfür erarbeitete sie die Vertriebs- und Marketingstrategien, übernahm die Umsatzplanung und -kontrolle, verantwortete strategische Entscheidungen und Gespräche und repräsentierte das Unternehmen auf Messen und Veranstaltungen.

Frau Reinschmidt verfügt über ein hervorragendes und auch in Nebenbereichen sehr tiefgehendes Fachwissen, besonders in den Bereichen Video on Demand und E-Commerce. Durch ihre hervorragende Auffassungsgabe konnte sie sich sehr schnell in neue Aufgabengebiete und komplexe Programme einarbeiten, was gerade im sich rasant entwickelnden Softwarebereich einen wichtigen Erfolgsfaktor zum Wohle des Unternehmens darstellt.

Fachwissen: Es („hervorragendes und auch in Nebenbereichen sehr tiefgehendes Fachwissen") wird mit sehr gut bewertet.

Auf Messen, Veranstaltungen und sonstigen Präsentationssituationen bewies Frau Reinschmidt eindrucksvoll, dass sie wichtige Präsentationstechniken, besonders im Multimedia-Bereich, sehr sicher beherrscht. Sie hat unser Unternehmen jederzeit überzeugend, rhetorisch versiert und sehr kompetent repräsentiert. Dabei griff sie auch auf ihre soliden Englischkenntnisse zurück.

Frau Reinschmidt war eine sehr flexible, kreative, zuverlässige und verantwortungsbewusste Mitarbeiterin, die durch ihr hohes Analysevermögen Probleme oft schon vor ihrem potenziellen Auftreten erkannte und entsprechend handelte. Ihre sechs Mitarbeiter führte Frau Reinschmidt hoch motiviert, durch Vorbildfunktion und mit dem notwendigen Durchsetzungsvermögen stets zu hervorragenden Leistungen.

Leistungsbeurteilung: Sie liegt laut Kernsatz („...stets zu unserer vollsten Zufriedenheit...") und dem Kontext bei sehr gut.

Frau Reinschmidt erfüllte alle Aufgaben stets zu unserer vollsten Zufriedenheit. Ihr Verhalten gegenüber ihren Kollegen in der Geschäftsführung, den Mitarbeitern sowie Kunden war stets vorbildlich.

Verhaltensbeurteilung: Sie wird laut Kernsatz („Ihr Verhalten gegenüber... .") und dem dazugehörigen Kontext mit sehr gut bewertet.

Wir möchten betonen, dass Frau Reinschmidt an der erfolgreichen Positionierung unseres Unternehmens engagiert mitgewirkt hat. Daher bedauern wir ihre Entscheidung, uns zu verlassen, außerordentlich. Wir danken ihr für ihre geleisteten, erfolgreichen Dienste und wünschen ihr für ihre berufliche wie private Zukunft alles Gute und weiterhin viel Erfolg.

Schlussformel: Sie ist in Ordnung.

Fazit: Frau Reinschmidt wird mit sehr gut bewertet.

Paderborn, den 31.07.1997 Peter Schäder

Geschäftsführer

25 Geschäftsleiterin Lebensmittelfachhandel

ZEUGNIS

Einleitung: Sie ist in Ordnung.

Frau Bettina Schmidt, geb. am 11.11.1952 in Breitscheid, war vom 01.06.1985 bis zum 30.05.1990 in unserem Unternehmen als Geschäftsleiterin beschäftigt.

Tätigkeitsbeschreibung: Frau Schmidts Tätigkeiten werden im Zeugnis nicht ausreichend detailliert beschrieben, unter Umständen könnten ihr dadurch Karrierenachteile entstehen.

In dieser Position war sie verantwortlich für die Einzelhandelsvertriebslinie, die Produktionen Frischfleisch und Fleischwaren einschließlich der regionalen Vermarktung.

Frau Schmidt verantwortete die Planung und Kontrolle aller wirtschaftlichen Daten der Geschäftsbereiche Einzelhandel mit insgesamt neun Filialen, Großhandel regionaler Abteilungen sowie die Produktionsstätte.

Der besondere Schwerpunkt von Frau Schmidt lag dabei auf den folgenden Tätigkeiten:

- Festlegen der Unternehmensstrategie, hier insbesondere die Vermarktungs- und Produktinnovationen, z.B. Frischesystem und Komplettsystem, sowie SB-Fleisch, frische Fertiggerichte,
- Festlegen der langfristigen, mittelfristigen und kurzfristigen Ziele für alle Unternehmensbereiche,
- Umsetzung der entwickelten Konzepte in das Tagesgeschäft,
- Gesamtverantwortung für den Unternehmensteil Langenfeld innerhalb der Unternehmensgruppe.

Frau Schmidt trug die Führungsverantwortung für 110 Mitarbeiter sowie die Umsatzverantwortung für mehr als 45 Millionen DM pro Jahr.

Fachwissen: Ihr FW („gutes Fachwissen") wird mit gut bewertet.

Sie verfügt über ein gutes Fachwissen, das sie stets zielgerichtet in die Unternehmensprozesse einfügte. Als Kennerin des Lebensmittelhandels hat sie unsere Marke national aufgebaut und wichtige Märkte erschlossen. Dabei griff sie jederzeit sicher auf ihre guten allgemeinen Managementqualifikationen und ihr untrügliches Gespür für effektive Marketingmaßnahmen zurück. Sie verfügt über eine sehr schnelle Auffassungsgabe, beobachtete das Marktgeschehen kontinuierlich und legte umgehend die richtigen Handlungsstrategien fest.

Mit Kreativität, präzisem Analysevermögen und logischem Denkvermögen fand sie stets innovative Lösungen und neue Ideen, die das Unternehmen entscheidend vorangetrieben haben. Dabei behielt Frau Schmidt stets die Umsetzung in die Praxis im Auge, so dass wir schnellstmöglich von den jeweiligen Maßnahmen profitierten. Verhandlungen führte sie stets mit klarer Struktur und Ergebnisorientierung erfolgreich zum Wohle des Unternehmens.

Leistungsbeurteilung: Sie liegt laut Kernsatz („zu unserer vollen Zufriedenheit") und dem dazugehörigen Kontext bei gut.

Verantwortungsbewusstsein, Belastbarkeit, Selbstständigkeit, Beharrlichkeit kennzeichnen Frau Schmidts Arbeitsstil. Sie ist eine starke Führungspersönlichkeit und führte ihre Mitarbeiter durch ihr Vorbild an Dynamik und Tatkraft jederzeit zu guten Leistungen, wobei sie ihr Team für ihre Konzepte gewinnen konnte. Sie wurde von ihren Mitarbeitern sehr geachtet und als Ansprechpartnerin häufig frequentiert. Ihre Vorgesetzten schätzten besonders ihr Durchsetzungsvermögen, das sie mit dem richtigen Maß an Kollegialität kombinierte.

Frau Schmidt war eine kontaktstarke und vertriebsorientierte Geschäftsleiterin, die sich erfolgreich und kompromisslos für eine ausgeprägte Kundenorientierung und höchste Produktqualität einsetzte. Frau Schmidt führte alle Aufgaben stets zügig und effektiv zu unserer vollen Zufriedenheit aus.

Verhaltensbeurteilung: Sie wird laut Kernsatz („Ihr Verhalten gegenüber ... war stets einwandfrei.") und dem Kontext mit gut bewertet.

Sie trat jederzeit höflich, kooperativ, teamorientiert und verbindlich auf. Auch bei unseren Kunden war sie daher beliebt. Sie informierte Vorgesetzte wie Mitarbeiter stets umfassend, wobei sie auch sachliche Kritik übte und akzeptierte. Ihr Verhalten gegenüber Vorgesetzten, Mitarbeitern und jeglichen dritten Personen war stets einwandfrei.

Schlussformel: Sie ist in Ordnung.

Wir bedauern es sehr, dass Frau Schmidt uns mit dem heutigen Tage auf eigenen Wunsch verlässt, gleichwohl bedanken wir uns für ihre wertvollen Dienste und wünschen ihr für ihre berufliche wie private Zukunft alles Gute und weiterhin viel Erfolg.

München, den 30.05.1990 Dr. Peter Müller

Geschäftsführer

Fazit: Frau Schmidt wird mit gut minus bewertet. Weil die Tätigkeitsbeschreibung zu knapp ist, wird die Note gut nach unten korrigiert.

26 Gesundheitsmanagerin

Einleitung: Es werden alle wichtigen Daten genannt.

Tätigkeitsbeschreibung: Frau Kunderts Tätigkeiten werden im Zeugnis ausreichend detailliert beschrieben, nach unserem Ermessen dürften ihr aus der Tätigkeitsbeschreibung heraus keine Karrierenachteile entstehen.

Fachwissen: Es („ausgezeichnete Fachkenntnisse") wird mit sehr gut bewertet.

Zwischenzeugnis

Frau Maria Kundert, geboren am 27.12.1971 in Mayen, ist seit dem 01.10.1998 in unserer Reha-Einrichtung für Herz- und Kreislauferkrankungen als Gesundheitsmanagerin tätig. In dieser Funktion leitet sie die Abteilung Unternehmensentwicklung; ihr sind zwölf Mitarbeiter unmittelbar unterstellt.

Frau Kundert verantwortet vor allem die nachstehend genannten Aufgaben:

- Change Management der Strukturreform,
- Konzeptentwicklung, insbesondere die Entwicklung des Unternehmensleitbildes (ULB) und unserer Leitsätze,
- Qualitätsmanagement nach ISO 9001,
- Erstellung und Formulierung eines Personalentwicklungskonzeptes und des Weiterbildungsplans,
- Mitwirkung bei der Einstellung neuer Mitarbeiter, hier insbesondere die Entwicklung eines Stellenplans.

Frau Kundert verfügt über ausgezeichnete Fachkenntnisse, die weit über ihren eigentlichen Bereich hinausgehen. Diese Kenntnisse setzt sie in herausragender Weise in die Praxis um, die jährlichen Zielvereinbarungen übertrifft sie immer.

Dank ihrer herausragenden Auffassungsgabe und ihrer Fähigkeit, analytisches Denken in strukturellen Erfordernissen wirkungsvoll und zielorientiert einzusetzen, ist sie immer in der Lage, für die Problemstellungen in kürzester Zeit effektive und effiziente Lösungen herbeizuführen. Hier unterstützen sie ihre guten Kenntnisse in der Anwendung von Lotus Notes in Verbindung mit den MS Office-Produkten sowie MS Project.

Frau Kundert führt ihre Mitarbeiter nach dem Grundsatz der Führung zur Eigenständigkeit. Sie fördert Eigeninitiative und ist immer gut in der Lage, Aufgaben in Teilbereiche zu zergliedern und die Verantwortlichkeiten zu delegieren. Sie schätzt die Stärken ihrer Mitarbeiter sehr gut ein und erreicht damit immer gute Ergebnisse. Ihre hohe Eigenmotivation wirkt vorbildlich auf ihre Mitarbeiter, so dass die Leistung der einzelnen Mitarbeiter ihrer Abteilung genauso über unseren Erwartungen liegt wie die Arbeit des Gesamtteams.
In ihrer Verhandlungsführung beherrscht sie sicher die Moderationstechniken und ist rhetorisch sehr versiert, ihre Präsentationen gestaltet sie lebhaft und interessant. Die Abläufe ihrer Tätigkeiten sind sehr komplex, hier setzt sie ihr gutes Zeitmanagement ergebnisorientiert und zielführend um.
Wir sind mit den Leistungen von Frau Kundert stets und in der allerbesten Weise zufrieden.

Leistungsbeurteilung: Sie liegt laut Kernsatz („Wir sind mit den Leistungen von Frau Kundert stets und in der allerbesten Weise zufrieden.") und dem dazugehörigen Kontext bei sehr gut.

Ihr persönliches Verhalten zum Vorstand, dem sie regelmäßig direkt berichtet, ist jederzeit vorbildlich. Ihre Mitarbeiter schätzen sie als kompetente Ansprechpartnerin.

Verhaltensbeurteilung: Frau Kunderts Verhalten wird mit sehr gut bewertet.

Dieses Zwischenzeugnis wird auf Wunsch von Frau Kundert erstellt, weil ein Vorstandswechsel ansteht. Wir nutzen die Gelegenheit, ihr an dieser Stelle für ihre wertvolle und geschätzte Mitarbeit zu danken und freuen und auf eine weitere vertrauensvolle und erfolgreiche Zusammenarbeit.

Schlussformel: In dieser Form steht sie unter sehr guten Zwischenzeugnissen.

Bad Dürkheim, den 24.02.2005 Franz Wilfert

Vorstandsvorsitzender

Fazit: Frau Kundert wird mit sehr gut bewertet.

27 Gruppenleiter Wertpapierberatung

Einleitung: Alle wichtigen Elemente enthalten (Name, Geburtsdatum und -ort, Eintrittsdatum). Das Austrittsdatum ist in die Schlussformel geschoben.

ZEUGNIS

Herr Dirk Renke, geboren am 19. Januar 1965 in Swisstal, trat am 1. September 1984 als Auszubildender in unser Bankhaus ein.
Über seine Ausbildungszeit gibt das Zeugnis vom 31. Juli 1986 Auskunft.
Herr Renke legte im Juli 1986 die Prüfung zum Bankkaufmann vor der Industrie- und Handelskammer mit gutem Erfolg ab und wurde im Anschluss daran von uns ins Angestelltenverhältnis übernommen.

Tätigkeitsbeschreibung: Sie ist hinreichend detailliert und vermittelt einen guten Überblick über Herrn Renkes Aufgabenbereich, indem sie seinen Aufstieg richtig dokumentiert.

Er begann seine Tätigkeit zunächst als Sachbearbeiter im Dokumentengeschäft. In diesem Rahmen betreute er selbstständig einen ihm zugeteilten Stamm von Firmenkunden. Für diesen Kundenstamm erstellte er Import-Akkreditive, prüfte die Dokumente, bearbeitete Inkassi sowie Währungswechseldiskonte und beriet im Rahmen der damit verbundenen Anfragen und Problemstellungen.
Ab Januar 1995 wechselte Herr Renke als Sachbearbeiter in die Scheckgruppe und übernahm die Bearbeitung von Nachforschungen und Reklamationen in Bezug auf Auslandszahlungen und Devisengeschäfte. In dieser Aufgabe war Herr Renke Ansprechpartner von Privat-, Firmenkunden und Banken auf nationaler und internationaler Ebene.
Ab Januar 1999 begann Herr Renke im Rahmen seiner Einarbeitung als Finanzberater an einer unserer Zweigstellen seine Produktkenntnisse im Privatkunden-Geschäft gemäß unserer hausinternen Gepflogenheiten aufzuarbeiten. Im Anschluss daran absolvierte er unsere sechsmonatige Ausbildung im Wertpapiergeschäft. Ab Januar 2000 übernahm Herr Renke die Position des Privatkundenwertpapierberaters zur Betreuung von zwei Geschäftsstellen. Ihm unterstanden in dieser Position zwei Sachbearbeiter.

Fachwissen: Herrn Renkes Fachwissen wird mit sehr gut benotet.

Herr Renke verfügt über hervorragende Fachkenntnisse, die er eigeninitiativ und regelmäßig aktualisierte. So besuchte er mit großem Erfolg zahlreiche Seminare zu bankbezogenen Themen und Themen

des allgemeinen Managements. Im Rahmen seiner internationalen Tätigkeit kamen ihm seine guten Sprachkenntnisse des Englischen und Französischen sehr zustatten.
Als ehrlicher, absolut vertrauenswürdiger, fleißiger und stets einsatzbereiter Mitarbeiter war er ein Vorbild für Kollegen und seine ihm zugeteilten Sachbearbeiter gleichermaßen. Er pflegte einen kooperativen Führungsstil und erzielte mit seinem Team hervorragende Ergebnisse. Als Vorgesetzter war er jederzeit anerkannt.
Herr Renke behielt auch unter größter Belastung einen klaren Kopf und handelte überlegt und folgerichtig zum Wohle unseres Hauses. Er beherrschte alle seine Aufgaben, so dass wir mit seinen Leistungen sehr zufrieden waren. Sein persönliches Verhalten war einwandfrei.
Herr Renke verlässt uns zum 30. September 2002 auf eigenen Wunsch, um sich neuen Herausforderungen zu widmen. Wir bedauern seinen Entschluss sehr, danken ihm für seine Mitarbeit und wünschen ihm auch für die Zukunft alles Gute und weiterhin viel Erfolg.

Frankfurt, den 30. 09 2002 Ernst Morgenroth

Leiter Personal und Verwaltung

Leistungsbeurteilung:
Der Kernsatz fällt mit der Note gut minus etwas schlechter aus als die restliche Beschreibung der Kernkompetenzen.
Hier liegt also eine Diskrepanz im Zeugnis vor.

Verhaltensbeurteilung:
Die Verhaltensbeurteilung liegt bei befriedigend und steht somit auch im Gegensatz zu zum restlichen Zeugnis.

Fazit:
Das Zeugnis weist einige Brüche auf und regt zu Nachfragen an, auch wenn man den tendenziell eher nüchternen Stil von Banken berücksichtigt. Insgesamt wird Herr Renke mit ca. gut minus bewertet.

28 Gruppenleiterin Heilerziehungspfleger

Zeugnis

Einleitung: Der einleitende Absatz ist in Ordnung, alle wesentlichen Elemente werden genannt.

Tätigkeitsbeschreibung: Sie ist ausreichend detailliert. Die Auflistung dokumentiert, dass Frau Roder ein weites Aufgabenspektrum abdecken kann, deshalb empfiehlt sie sich für jeden weiteren Arbeitgeber.

Fachwissen: Es („hervorragendes Fachwissen") wird mit sehr gut bewertet.

Frau Ina Roder, geboren am 12.06.1976 in Mühlbach, war vom 15.02.1999 bis zum 31.03.2005 in unserer psychiatrischen Tageseinrichtung als Gruppenleiterin in der Heilerziehungspflege tätig.

Während dieser Zeit verantwortete sie die folgenden Aufgaben:

- Organisation der pflegerischen Maßnahmen inklusive der Medikamentation in Zusammenarbeit mit den Ärzten,
- Führung der Patientenakten in Bezug auf die pflegerischen Leistungen,
- Erstellung der Dienstpläne des Pflegepersonals,
- Planung der Freizeitaktivitäten der Behinderten,
- Überwachung der Abläufe im Tagesgeschäft.

Ihr hervorragendes Fachwissen setzte Frau Roder in der alltäglichen praktischen Arbeit sorgsam, zielorientiert und für die Patienten im höchsten Maße förderlich um. Dabei nutzte sie alle Möglichkeiten der beruflichen Weiterbildung intensiv und erfolgreich. Sie beherrschte die hausinterne Fallpauschalensoftware und setzte auch ihre Kenntnisse in Word und Excel immer zielführend und erfolgreich ein.
Sie organisierte ihre Arbeit so, dass sie auch in kritischen Momenten stets das Wesentliche im Auge behielt und die Pannen, die sich zwangsläufig mit dem anvertrauten Klientel einstellen, in beispielhafter Weise meisterte. Frau Roder ist eine sehr engagierte Mitarbeiterin mit einer hohen sozialen Kompetenz, die ihre Arbeit jederzeit mit vollem Einsatz erfolgreich bewältigte. Auch unter stärksten Belastungen behielt sie immer in vorbildlicher Weise den Überblick und bewältigte alle Probleme und Anforderungen hervorragend.

Die Arbeit mit behinderten Menschen verlangt Kontinuität und hohes Verantwortungsbewusstsein. Frau Roder erfüllte diese Anforderungen in ausgezeichneter Weise, sie arbeitete mit großem Pflichtbewusstsein und höchster Zuverlässigkeit.

Sie überzeugte und motivierte ihre Mitarbeiter und förderte die gute Zusammenarbeit. Sie war immer in der Lage, die Arbeit gut zu delegieren und ihre Mitarbeiter so einzusetzen, dass diese zu einer guten Teamleistung beitragen konnten. Dabei unterstützte sie diese in ihren Anfragen nach Weiterbildung.
Alle ihr übertragenen Aufgaben erfüllte Frau Roder jederzeit zur vollsten Zufriedenheit.

Frau Roder wurde wegen ihres freundlichen Wesens und ihrer kollegialen Haltung von Vorgesetzten und Mitarbeitern gleichermaßen geschätzt. Gegenüber den Familien und Angehörigen trat sie stets vorbildlich und hilfsbereit auf.

Frau Roder verlässt unsere Einrichtung mit dem heutigen Tage, weil sie sich beruflich weiterentwickeln möchte. Wir bedauern dies sehr und nehmen die Gelegenheit wahr, ihr für die gute Zusammenarbeit zu danken und für ihre berufliche und private Zukunft alles Gute zu wünschen.

Neuburg an der Donau, 31.03.2005

Gerlinde Paulus

Leiterin

Leistungsbeurteilung:
Sie liegt laut Kernsatz („Alle ihr übertragenen Aufgaben erfüllte Frau Roder jederzeit zur vollsten Zufriedenheit.") und den Sätzen zuvor bei sehr gut minus.

Verhaltensbeurteilung:
Sie liegt laut Kernsatz („Gegenüber den Familien und Angehörigen trat sie stets vorbildlich und hilfsbereit auf.") und dem Satz zuvor sehr gut minus.

Schlussformel:
Sie ist in Ordnung, sie bestätigt die Gesamtnote des Zeugnisses.

Fazit:
Frau Roder wird mit sehr gut minus bewertet.

29 Ingenieur für Biotechnologie

ZEUGNIS

Einleitung: Sie ist in Ordnung.

Herr Dipl.-Ing. Peter Schallenberger, geboren am 29.02.1959 in Wissen, war vom 15.02.1990 bis 31.10.1990 in unserem Institut als Ingenieur für Biotechnologie tätig.

Tätigkeitsbeschreibung: Sie ist unzureichend.

Er war mit der Konstruktion eines Hochspannungssystems zur mikroskopischen Betrachtung der Effekte an pflanzlichen Zellen und Protoplasten betraut. Überdies war er zuständig für die Erfassung von biometrischem Datenmaterial.

Fachwissen: Sein Fachwissen („verfügt über ein solides Grundwissen in seinem Arbeitsbereich") wird mit ausreichend bewertet.

Herr Schallenberger verfügt über ein solides Grundwissen in seinem Arbeitsbereich. Er setzte sein Analysevermögen ein und bemühte sich, zielorientiert zu arbeiten.

Leistungsbeurteilung: Sie liegt laut Kernsatz („Mit seinen Leistungen waren wir zufrieden.") und dem Kontext bei ausreichend. Der Satz „Er war sehr tüchtig...", bedeutet, dass er ein unangenehmer und rechthaberischer Wichtigtuer war.

Er war sehr tüchtig und wusste sich gut zu verkaufen. Mit seinen Leistungen waren wir zufrieden.

Seine Führung gab uns zu Beanstandungen keinen Anlass.

Herr Schallenberger scheidet mit dem heutigen Tag aus unserem Unternehmen aus. Wir wünschen ihm für die Zukunft alles Gute.

München, 31.10.1990 Prof. Dr. Peter Beyer

Institutsleiter

Verhaltensbeurteilung: Sie wird laut Kernsatz („Seine Führung gab uns zu Beanstandungen keinen Anlass.") mit ausreichend bewertet.

Schlussformel: Sie bewertet ihn mit ausreichend. Ihm wurde gekündigt oder die Kündigung wurde ihm nahegelegt.

Fazit: Herr Schallenberger wird mit ausreichend bewertet.

30 Investor Relations Manager

ZWISCHENZEUGNIS

Einleitung: Hier werden alle wichtigen Informationen geliefert.

Frau Andrea Rotkopf, geb. am 27. Januar 1968 in Freiburg, ist seit dem 1. Oktober 1996 in unserem Unternehmen tätig, derzeit als Investor Relations Manager.

Ihre Laufbahn in unserem Unternehmen begann Frau Rotkopf als Marketing Manager. In dieser Position war sie verantwortlich für die Planung, Konzeption und Durchführung der gesamten Marketing-Aktivitäten inklusive Messeauftritte, Anzeigenkampagnen, Direct-Mailing-Aktionen, Aufbau und Pflege des Internetauftritts, die Steuerung der Zusammenarbeit mit einer Werbeagentur, Aufbau und Pflege eines PR-Verteilers.

Tätigkeitsbeschreibung: Beide Aufgabengebiete werden hinreichend detailliert gewürdigt.

Aufgrund ihrer sehr guten Leistungen, die sie besonders mit einer hohen Zuverlässigkeit und ihrem bemerkenswerten Geschick für Marketing- und PR-Fragen erzielte, übernahm Frau Rotkopf im Oktober 1999 die Aufgabe des Investor Relations Managers. In dieser Funktion war sie maßgeblich am Erfolg des Börsengangs unseres Unternehmens am 12. Oktober 2001 beteiligt. Sie war verantwortlich für Planung und Durchführung der gesamten IPO-Kampagne, die einen sehr hohen Aufmerksamkeitswert erzielte.

Zu ihrem Verantwortungsbereichbereich als Investor Relations Manager gehören:

- Planung, Organisation und Durchführung der Hauptversammlungen, Analystenkonferenzen, Bilanzpressekonferenzen, Roadshows, One-to-One-Investorenmeetings,
- Erstellung und Kontrolle des IR-Budgets,
- Erstellung der Geschäfts- und Quartalsberichte,
- Generierung und Pflege von Investoren- und Analystenkontakten,
- AdHoc-Meldepflicht,
- Aufbau und Pflege des IR-Bereiches im Internet,
- Aufbau und Pflege des Analysten-, Finanzpresse- und Investorenverteilers,
- Steuerung der PR-Agentur.

Frau Rotkopf berichtet direkt an den Vorstand und leitet zwei Mitarbeiter fachlich an.

Ihre Aufgaben erledigt Frau Rotkopf mit einem äußerst fundierten Fachwissen, das sie stets souverän und engagiert in der Praxis einsetzt. Frau Rotkopf ist sehr wendig, argumentiert stets geschickt und reagiert auf neue Gegebenheiten spontan, wobei sie unsere Interessen jederzeit glaubwürdig und strategisch richtig vertritt. Sie verfügt über gute Präsentationstechniken, die sie mit der Fähigkeit zur klaren Strukturierung von Sachverhalten verbindet.

Auf die verschiedensten Gesprächspartner stellt sich Frau Rotkopf sehr gut ein und führt Gespräche verbindlich, zielorientiert und darauf bedacht, echte Win-Win-Situationen zu erzeugen. Hervorheben möchten wir auch ihre ausgeprägte Kundenorientierung und Kommunikationsstärke bezüglich schwierig zu vermittelnder Informationen. Analysten wie Investoren schätzen Frau Rotkopf als kompetente Ansprechpartnerin. Auch innerhalb unseres Hauses ist sie bei Vorgesetzten wie Kollegen sehr geschätzt.

Frau Rotkopf findet mit präzisem Analysevermögen und logischem Denken für alle in Prozessen notwendigerweise auftretenden Probleme jederzeit gute Lösungen, die sie effektiv zu unserem Gewinn umsetzt. Sie ist äußerst belastbar, leistungsstark, flexibel und absolut vertrauenswürdig. Selbstständigkeit, Sorgfalt und Verantwortungsbewusstsein prägen ihren Arbeitsstil gleichermaßen.

Wir sind mit Frau Rotkopfs Leistungen jederzeit sehr zufrieden. Ihr Verhalten gegenüber Vorgesetzten, Kollegen und jeglichen dritten Personen ist stets einwandfrei.

Dieses Zwischenzeugnis wird auf Wunsch von Frau Rotkopf erstellt. Wir bedanken uns für ihre bisherigen loyalen und erfolgreichen Dienste und hoffen auf ein noch lange währendes Arbeitsverhältnis.

Dortmund, den 31.07.2002 Dr. Kai Geißler

Vorstand

Leistungsbeurteilung: Zusammen mit dem passenden Portfolio an Kernkompetenzen ergibt sich die Note sehr gut bis sehr gut minus.

Fachwissen: Hier wird Frau Rotkopf mit sehr gut bewertet.

Verhaltensbeurteilung: Hier wird Frau Rotkopf die Note gut bis sehr gut erteilt.

Schlussformel: Es sind alle wichtigen Elemente für ein komplettes Zwischenzeugnis enthalten.

Fazit: Frau Rotkopf kann sich mit diesem makellosen Zeugnis problemlos bewerben.

31 Leiter der Projektierungs- und Vertriebsabteilung

ZEUGNIS

Einleitung: Sie ist in Ordnung.

Herr Jürgen Werfel, geboren am 29.10.1961 in Soest, war vom 01.08.1985 bis zum 31.07.1995 in unserem Unternehmen als Leiter der Projektierungs- und Vertriebsabteilung tätig

Tätigkeitsbeschreibung: Sie ist angemessen detailliert.

Herr Werfel war für folgende Aufgaben zuständig:

- Projektverantwortung für Planung und Vertrieb von Rohrschlangen, wobei der Wert der einzelnen Projekte zwischen 200.000 DM und 250.000 DM lag,
- Verantwortung der Ertragsseite des einzelnen Projekts,
- Sicherstellung der technischen Funktionalität,
- erfolgreicher Auf- und Ausbau einer konstanten Geschäftsbeziehung zu den Tochterfirmen BELAX und TRINTEX mit einem Jahresumsatz von 8 Mio. DM,
- Einführung der Sielberger-Biegetechnologie für Kunden in Polen, Italien und Norwegen,
- Ausbau der Marktführerschaft für professionelle Biegeverformungen in der BRD mit einem Jahresumsatz von 15 Mio. DM.

Weiterhin verantwortete Herr Werfel die Vorbereitung des Budgets für das jeweils folgende Geschäftsjahr und die Vorbereitung für die Festlegung der Umsatzziele für den jeweils aktuellen Monat. Er übernahm die Gestaltung und Angebotslenkung bei großen Rahmenausschreibungen der Tochterfirmen.

Fachwissen: Sein Fachwissen („umfassende und vielseitige Fachkenntnisse") wird mit sehr gut bewertet.

Herr Werfel verfügt über umfassende und vielseitige Fachkenntnisse, auch in Randbereichen. Sein Fachwissen setzte er stets erfolgreich und sehr gekonnt in die Praxis um. Er arbeitete sich sehr schnell in neue Probleme und Aufgabenstellungen ein und erfasste Prozesse und Vorgänge stets rasch und vollständig. Problemen, die bei Arbeitsprozessen und intensiven Kundenkontakten zwangsläufig auftreten, begegnete er immer mit großer Kreativität und Flexibilität, so dass er stets praktikable und sehr effektive Lösungen umsetzen konnte. Er war äußerst belastbar, stets fleißig und sehr zuverlässig, überdies arbeitete er immer sehr genau, sorgfältig und äußerst zügig.

Er besuchte regelmäßig Weiterbildungsveranstaltungen zur Mitarbeiter- und Unternehmensführung und im IT-Bereich (MS Office, Adobe und SAP).

Besonders hervorzuheben ist sein vorbildlicher Umgang mit unseren Kunden. Herr Werfel ist sehr kontaktfreudig, kommunikativ und offen in seinem Auftreten. Dadurch knüpfte er Kundenkontakte bis in höhere Geschäftsebenen hinein und erwarb sich den Respekt und das Vertrauen unserer Kunden. Mit großer Beharrlichkeit und entsprechend erfolgreich brachte er auch Angebote in komplizierten Situationen zu einem für alle Beteiligten vorteilhaften Abschluss. Durch seine geschäftlichen Aufenthalte in Polen, Italien und Norwegen entwickelte er ein Gespür für die interkulturelle Dimension von Geschäften und vertiefte seine hervorragenden Englisch- und Polnischkenntnisse. Er motivierte seine drei Mitarbeiter stets zu sehr hohen Leistungen. Herrn Werfels Leistungen haben jederzeit und in jeder Hinsicht unsere volle Anerkennung gefunden.

Leistungsbeurteilung: Sie liegt laut Kernsatz („jederzeit und in jeder Hinsicht unsere volle Anerkennung") und dem Kontext bei sehr gut.

Herr Werfel fügte sich reibungslos auch in Teamstrukturen ein, wobei er sich den Respekt und das Ansehen seiner Mitarbeiter und Kollegen erworben hat. Wegen seiner großen Tatkraft und Dynamik war er auch bei der Geschäftsleitung sehr anerkannt. Sein Verhalten gegenüber Vorgesetzten, Mitarbeitern und Kunden war stets vorbildlich.

Verhaltensbeurteilung: Sie wird laut Kernsatz („Sein Verhalten gegenüber ... war stets vorbildlich") und dem Kontext mit sehr gut bewertet.

Herr Werfel verlässt uns auf eigenen Wunsch, um sich neuen Herausforderungen im Bereich der Rohrschlangenherstellung zu widmen. Wir bedauern seine Entscheidung außerordentlich, bedanken uns für die erfolgreichen Dienste und wünschen ihm für die Zukunft beruflich wie privat alles Gute und weiterhin viel Erfolg.

Schlussformel: Sie bestätigt die Gesamtnote.

Köln, 31.07.1995 Matthias Schade

Personalchef

Fazit: Herr Werfel wird mit sehr gut bewertet.

32 Leiter Prototypenbau

ZWISCHENZEUGNIS

Einleitung: Sie ist in Ordnung.

Herr Dr. Bernd Best, geb. am 16.08.1963 in München, ist seit dem 01.08.1998 in unserem Unternehmen als Leiter der Prototypengruppe in der Abteilung UMTS-Strategien tätig.

Tätigkeitsbeschreibung: Sie ist nicht ausreichend detailliert.

Herrn Dr. Bests Aufgabenbereich gliedert sich wie folgt:

- Als Mitglied der Geschäftsleitung ist Herr Dr. Best in alle Managemententscheidungen einbezogen. In gleicher Funktion begleitet er auch die Gespräche mit möglichen Investoren und die Berichte an die Gesellschafter.
- Als Leiter ist er verantwortlich für die prototypische Realisierung mobiler Applikationen, besonders für die UMTS-Anwendungsdemos. Hierzu gehört insbesondere auch die Auswahl externer Zulieferer und Entwicklungspartner, die Vertragsverhandlungen und ihre Betreuung.
- Herr Dr. Best trägt die Personalverantwortung für acht Mitarbeiter des Produktbereichs.

Fachwissen: Sein Fachwissen („soliden Fachwissens in der Lage") wird mit befriedigend bewertet.

Herr Dr. Best ist aufgrund seines soliden Fachwissens in der Lage, die ihm übertragenen Aufgaben zu erledigen. In Kombination mit seinen Projektmanagementtechniken und seiner Organisationsfähigkeit gelingt es ihm in der Regel, die Produktentwicklung im anvisierten Plansoll zu halten. Mit Kreativität und strukturierter Vorgehensweise findet Herr Dr. Best akzeptable Lösungen, die er in der Praxis umsetzt.

Verhandlungen führt er mit Fingerspitzengefühl und rhetorischem Geschick. Er ist starkem Arbeitsanfall gewachsen. Seine folgerichtige Denkweise kennzeichnet seine sichere Urteilsfähigkeit in vertrauten Zusammenhängen. Er ist ein höflicher, kooperativer und teamorientierter Manager, der seine Mitarbeiter zu guten Leistungen motiviert. Routineaufgaben delegiert er und setzt seine Mitarbeiter entsprechend ihren Fähigkeiten und Neigungen ein. Seine Leistungen haben unseren Erwartungen und Anforderungen in jeder Hinsicht entsprochen.

Sein persönliches Verhalten gegenüber Vorgesetzen, Kollegen und Kunden ist einwandfrei.

Auf Veranlassung des direkten Vorgesetzten von Herrn Best, der zum Monatsende ausscheidet, erstellen wir unaufgefordert dieses Zwischenzeugnis.

15.08.1999 Johannes Müller

Geschäftsführer

Leistungsbeurteilung: Sie liegt laut Kernsatz („Seine Leistungen haben unseren Erwartungen und Anforderungen in jeder Hinsicht entsprochen.“) und dem Kontext bei sehr gut.

Verhaltensbeurteilung: Sie wird laut Kernsatz („Sein persönliches Verhalten ... ist einwandfrei“) mit befriedigend bewertet.

Schlussformel: Sie ist in Ordnung.

Fazit: Herr Best wird mit befriedigend bewertet.

33 Leiter Supply & Demand Management

ZWISCHENZEUGNIS

Einleitung: Sie ist in Ordnung.

Herr Thomas Mann, geboren am 17.12.1956 in Kassel, ist seit dem 01.06.2000 in unserem Unternehmen als Leiter Supply & Demand Management tätig.

Tätigkeitsbeschreibung: In Anbetracht der Tatsache, dass Herr Mann erst ein Jahr im Unternehmen arbeitet, ist die knappe Aufgabenbeschreibung ausreichend.

Herr Mann ist für die folgenden Aufgaben zuständig:
- Bestandsführung und Disposition von Arzneimitteln,
- Strategischer Einkauf von Produktionsmaterialien, Verbrauchsartikeln und Investitionsgütern,
- Sicherstellung eines vereinbarten Lieferbereitschaftsgrades,
- Führung von 17 Mitarbeitern.
- Außerdem arbeitete Herr Mann bei einem internationalen Projekt mit: Weiterentwicklung eines neuen Konzepts für ein Tuberkulosemedikament zur Belieferung eines polnischen Großhändlers,
- Einführung des Logistik-Informationssystems von XAS.

Fachwissen: Sein Fachwissen („verfügt über ein sehr gutes Fachwissen") wird mit sehr gut bewertet.

Herr Mann verfügt über ein sehr gutes Fachwissen, das er stets absolut sicher und gewinnbringend in der Praxis einsetzt. Dadurch ist Herr Mann in der Lage, stets sorgfältig abgewogene und effektive Entscheidungen zu treffen. Mit Zielorientierung, Übersicht und einer hohen Organisations- und Planungskompetenz führt er Projekte zum sicheren Abschluss. Mit präzisem Analysevermögen, einer sehr schnellen Auffassungsgabe und ausgeprägter Kreativität findet er stets sehr gute Lösungen, die er konsequent und erfolgreich in die Praxis umsetzt. Dabei greift er auch auf seine Fähigkeit zum logischen wie vernetzten Denken sehr sicher zurück.

Verantwortungsbewusstsein, Flexibilität, Vertrauenswürdigkeit und absolute Zuverlässigkeit kennzeichnen seinen Arbeitsstil. Herr Mann überzeugt uns in Verhandlungen wie in Mitarbeitergesprächen durch seine ausgeprägte Kommunikationsfähigkeit. Auch in kritischen Situationen behält er stets die Kontrolle und einen klaren

Kopf. Diese außerordentliche Belastbarkeit kombiniert er mit sehr hoher Motivation, Leistungsstärke und Beharrlichkeit.

Wir kennen Herrn Mann als freundlichen, kontaktstarken und teamorientierten Mitarbeiter, der sich auf die verschiedensten Gesprächspartner sehr gut einstellt. Auch in einer multinationalen Umgebung bewegt er sich souverän, wobei er hier jederzeit auf seine sehr guten Englisch- und Französischkenntnisse zurückgreift. Herr Mann motiviert seine Mitarbeiter stets zu hervorragenden Leistungen, wobei er selbst als Vorbild agiert. Um seine versierte Organisations- und Planungskompetenz konzentriert einzusetzen, delegiert er Routineaufgaben jederzeit effektiv. Herr Mann erfüllt unsere Erwartungen immer und in allerbester Weise.

Leistungsbeurteilung: Sie liegt laut Kernsatz („Herr Mann erfüllt unsere Erwartungen immer und in allerbester Weise.") und dem Kontext bei sehr gut.

Auch bei unseren Kunden ist Herr Mann aufgrund seiner Fachkompetenz und Serviceorientierung sehr beliebt. Seine Vorgesetzten schätzen besonders seine fundierten Managementqualifikationen und administrativen Fähigkeiten. Herr Mann ist innerhalb wie außerhalb unseres Unternehmens ein sehr geschätzter und häufig frequentierter Ansprechpartner. Sein Verhalten gegenüber Vorgesetzten, Mitarbeitern und Kunden ist stets vorbildlich.

Verhaltensbeurteilung: Sie wird laut Kernsatz („Sein Verhalten gegenüber ... ist stets vorbildlich.") und dem Kontext mit sehr gut bewertet.

Dieses Zwischenzeugnis wurde auf Wunsch von Herrn Mann ausgestellt. Verbunden sind damit unser Dank für die bisher für unser Unternehmen erbrachten Leistungen und der Wunsch nach einer weiteren vertrauensvollen Mitarbeit.

Schlussformel: Sie bestätigt die Endnote.

Stuttgart, 01.06.2001 Dr. Sebastian Münster

Personalchef

Fazit: Herr Mann wird mit sehr gut bewertet.

34 Leiter Unternehmensorganisation

ZWISCHENZEUGNIS

Einleitung: Sie ist in Ordnung.

Herr Peter Wedekind, geboren am 13.03.1956 in Bonn, ist in unserer Firma als Leiter Unternehmensorganisation seit dem 31.07.1999 tätig.

Tätigkeitsbeschreibung: Sie ist angemessen detailliert.

Seine Verantwortung umfasst die gesamte fachliche Leitung und personelle Führung der Abteilung Organisation. Seine Aufgaben umfassen insbesondere:

- Strategische Ausrichtung der Geschäftsprozesse und Abläufe in Zusammenarbeit mit der Geschäftsleitung,
- Konzeption, Realisierung, Fortentwicklung und Betreuung aller Projekte und Maßnahmen zur Optimierung der Geschäftsprozesse, unter Einbeziehung der bestehenden Datenverarbeitung und Organisation,
- Analyse und permanente Überprüfung von Arbeitsabläufen und Verfahren sowie deren optimale Neugestaltung unter Kostenaspekten,
- Erstellen und Umsetzen von DV-Konzepten in Zusammenarbeit mit dem Rechenzentrum,
- Beratung der Fachabteilungen und der Geschäftsleitung in allen Fragen der Informationsverarbeitung,
- Koordination der externen Berater im Bereich der Organisationsberatung.

Der von Herrn Wedekind geleiteten Abteilung Organisation sind die Abteilungen Grunddatenerfassung und Qualitätswesen untergeordnet. Insgesamt führt er 10 Mitarbeiter.

Herr Wedekind verfügt über solide Fachkenntnisse. Die Arbeit von Herrn Wedekind ist von zufriedenstellender Qualität. Er versteht es, seine Mitarbeiter zu motivieren, und er fördert aktiv die Zusammenarbeit. Er informiert die Mitarbeiter umfassend und delegiert Aufgaben und Verantwortung. Herr Wedekind hat seinen Verantwortungsbereich zu unserer vollen Zufriedenheit geleitet.

Sein persönliches Verhalten gegenüber Vorgesetzten, Kollegen und Kunden ist stets einwandfrei.

Dieses Zwischenzeugnis wird Herrn Wedekind auf eigenen Wunsch ausgestellt.

Köln, 31.07.1999 Jürgen Bauer

Geschäftsführer

Fachwissen: Es („verfügt über solide Fachkenntnisse") wird mit befriedigend bewertet.

Leistungsbeurteilung: Sie liegt laut Kernsatz („zu unserer vollen Zufriedenheit") bei befriedigend.

Verhaltensbeurteilung: Sie wird laut Kernsatz („Sein persönliches Verhalten ... ist stets einwandfrei.") mit gut bewertet.

Schlussformel: Für eine bessere Bewertung könnte noch ein Dank für die geleistete Arbeit ausgesprochen werden.

Fazit: Er wird mit befriedigend plus bewertet.

35 Leiterin Veranstaltungen

Zwischenzeugnis

Einleitung:
Sie ist perfekt.

Frau Sabine Krähe (MA), geboren am 11.11.1958 in Würzburg, trat am 01.08.1994 als Leiterin Veranstaltungen und Stiftungsaktivitäten in unser Unternehmen ein. In dieser Funktion konzeptioniert, plant und koordiniert Frau Krähe alle Projekte im Bereich des Veranstaltungsmanagements und die Arbeit der Hoset-Lord-Stiftung. Zum Verantwortungsbereich ihrer Position zählen im einzelnen insbesondere folgende Aufgaben:

Tätigkeitsbeschreibung:
Frau Krähes Tätigkeiten werden im Zeugnis sehr detailliert beschrieben, so dass sich jeder mögliche Arbeitgeber ein Bild von ihren Kompetenzen und Fähigkeiten machen kann.

Stiftungs- und Sponsoringaktivitäten:

- Ausarbeitung des Förderkonzeptes für die Stiftung, Entwicklung der Förderziele, Förderschwerpunkte und Auswahlkriterien für Stiftungs- und Sponsoringprojekte (Schwerpunkt Kulturförderung)
- Prüfung und Beurteilung von Förderanträgen (fördernde Stiftungsarbeit)
- Entwicklung von Ideen und Konzepten für eigeninitiierte Förderprojekte (operative Stiftungsarbeit) (... [*Siehe CD*])

Frau Krähe überzeugt bei der Wahrnehmung ihrer facettenreichen Aufgaben jederzeit durch ihre herausragende Einsatzbereitschaft, ihre außergewöhnliche Eigeninitiative und ihre ausgeprägte Verantwortungsbereitschaft. Sie identifiziert sich stets vorbildlich mit ihren Aufgaben und dem Unternehmen und realisiert ihre Projekte mit sehr großem Enthusiasmus, hoher Arbeitsmotivation und überzeugendem persönlichen Engagement. Dabei war sie immer gern bereit, auch zusätzliche Aufgaben zu übernehmen und persönliche Interessen zurückzustellen.

Die Anforderungen ihrer Position bewältigt Frau Krähe auch unter starkem Termindruck und bei extremen Arbeitsbelastungen in allerbester Weise. Sie besitzt eine äußerst schnelle Auffassungsgabe und ein sehr gutes analytisch-konzeptionelles und zugleich pragmatisches Denk- und Urteilsvermögen. Sie ist stets bereit und fähig, neue Vorhaben durch fundierte und innovative Vorschläge entscheidend zu unterstützen und wesentlich voranzubringen.

Das komplexe Instrumentarium des modernen Veranstaltungsmanagements, der PR und der Sponsoringarbeit beherrscht Frau Krähe absolut sicher und virtuos. Sie verfügt über eine sehr vielseitige Berufserfahrung und auch in Randbereichen über besonders umfassendes und profundes Fachwissen, das sie jederzeit sehr erfolgreich und ergebnisorientiert in der Praxis umsetzt. Dabei ist Frau Krähe immer bestrebt, ihr Know-how durch Weiterbildungsmaßnahmen auszubauen und auf dem neusten Wissensstand zu halten.
Ihr Arbeitsstil zeichnet sich durch ein hohes Maß an Selbstständigkeit und Flexibilität, Zuverlässigkeit und Effizienz aus. Frau Krähe setzt sicher und planvoll Prioritäten und ist perfekt organisiert. Sie delegiert Aufgaben sehr systematisch, motiviert in angemessenem Rahmen zu eigenständigem Arbeiten, vereinbart klare Ziele und behält den Arbeitsfortschritt und die Ergebnisse jederzeit aufmerksam im Blick. Die Aufgabenstellungen ihres Verantwortungsbereiches löst sie immer äußerst sorgfältig, souverän und klar strukturiert und absolviert in kürzester Zeit ein ausgesprochen hohes Arbeitspensum. Den ihr übertragenen Verantwortungsbereich nimmt Frau Krähe stets zu unserer vollsten Zufriedenheit wahr. (... [*Siehe CD*])
Ihr persönliches Verhalten ist jederzeit vorbildlich und mustergültig. Als fachlich und menschlich überzeugende Persönlichkeit, die in der Zusammenarbeit jederzeit ein großes Maß an Einfühlungsvermögen, Aufgeschlossenheit und Teamgeist zeigt, ist sie bei Vorgesetzten und Mitarbeitern sehr anerkannt und respektiert. Ihre beispielhafte Loyalität, ihre Vertrauenswürdigkeit und ihre konstruktive Arbeitshaltung machen sie zu einer gesuchten Gesprächs- und Kooperationspartnerin. Durch ihr gewandtes und zuvorkommendes Auftreten, ihre Kontaktstärke und ihr diplomatisches Geschick gewinnt sie auch stets die besondere Sympathie und Wertschätzung von Kunden, Pressevertretern, Förderpartnern und Lieferanten.
Dieses Zwischenzeugnis wurde auf Wunsch von Frau Krähe erstellt. Wir danken ihr für ihre bisherigen stets hervorragenden Leistungen und freuen uns auf eine weiterhin fruchtbare und harmonische Zusammenarbeit.

Kiel, 31.07.2002

Dr. Peter Schmuck
Stiftungsdirektor

Fachwissen: Frau Krähes Fachwissen wird mit sehr gut bewertet.

Leistungsbeurteilung: Sie liegt laut Kernsatz („stets zu unserer vollsten Zufriedenheit") und dem Kontext bei sehr gut. In Anbetracht der Tatsache, dass Frau Krähe acht Jahre im Unternehmen arbeitet, ist der Kontext zum Kernsatz ausgesprochen umfangreich, damit empfiehlt sie sich als ausgezeichnete Mitarbeiterin.

Verhaltensbeurteilung: Frau Krähes Verhalten wird laut Kernsatz („Verhalten war jederzeit vorbildlich") und dem ausführlichen Kontext mit sehr gut bewertet.

Schlussformel: Sie ist in Ordnung, in dieser Form steht sie unter sehr guten Zeugnissen.

Fazit: Frau Krähe wird mit sehr gut bewertet.

36 Manager Corporate Strategy

ZEUGNIS

Einleitung: Sie ist in Ordnung.

Herr Peter Orthmann, geb. am 20.10.1958 in Betzdorf, war vom 01.08.1996 bis zum 31.07.2000 in unserem Unternehmen als Manager Corporate Strategy beschäftigt.

Tätigkeitsbeschreibung: Sie ist angemessen detailliert.

Herr Orthmann war für folgende Aufgaben verantwortlich:

- Verantwortung für den Geschäftsplanungsprozess:
  In diesem Bereich verantwortete er die Projektleitung für den Planungsprozess und die Entwicklung von entsprechenden Modellen sowie die Sicherstellung der zugrundeliegenden Strategien und Annahmen.
- Verhandlung mit möglichen Joint-Venture Partnern:
  Hierbei übernahm er die Evaluierung potenzieller Partner, war Teammitglied Marketing bei Vertragsverhandlungen und verantwortete die Projektleistung Geschäftskundenmarkt.
- Erarbeitung von Markt- und Wettbewerbsstrategien:
  In diesem Aufgabenbereich verantwortete er die Strategieformulierung mit der Geschäftsführung, die Projektleitung bei der Definition der Funktionalstrategien und trug die Verantwortung für die Erstellung des Marketingplans von 1999. Er führte die Absatz- und Umsatzplanung sowie die Beauftragung und Projektleistung von externen Consultants durch.

Fachwissen: Sein Fachwissen („ist aufgrund seines soliden Fachwissens in der Lage") wird mit befriedigend bewertet.

Herr Orthmann war aufgrund seines soliden Fachwissens in der Lage, die ihm übertragenen Aufgaben zu erledigen. Er arbeitete sich sicher in seinen neuen Aufgabenbereich ein, so dass er Arbeitserfolge vorweisen konnte. Herr Orthmann zeigte Einsatzbereitschaft und Initiative. Er war starkem Arbeitsanfall gewachsen. Seine folgerichtige Denkweise kennzeichnete seine sichere Urteilsfähigkeit in vertrauten Zusammenhängen, dabei arbeitete er zuverlässig und genau.

Er fand sich in neuen Situationen zurecht und war auch in der Lage, komplizierte Zusammenhänge zu erfassen. Er hat die ihm übertragenen Aufgaben zu unserer vollen Zufriedenheit erfüllt.

Sein Verhalten gegenüber Vorgesetzten, Mitarbeitern und Geschäftspartnern war stets einwandfrei.

Herr Orthmann verlässt mit dem heutigen Tag auf eigenen Wunsch unser Unternehmen. Wir bedanken uns für die Zusammenarbeit und wünschen ihm persönlich alles Gute und viel Erfolg.

München, 31.07.2000 Dr. Peter Blücher

Personalchef

Leistungsbeurteilung: Sie liegt laut Kernsatz („Aufgaben zu unserer vollen Zufriedenheit erfüllt.") und dem Kontext bei befriedigend.

Verhaltensbeurteilung: Herr Orthmann wird laut Kernsatz („war stets einwandfrei") und dem Kontext mit gut bewertet.

Schlussformel: In ihr fehlt die sogenannte Bedauernsformel, damit wird die Gesamtbewertung bestätigt.

Fazit: Herr Orthmann wird mit befriedigend plus bewertet.

37 Manager Purchasing & Logistics

ZWISCHENZEUGNIS

Einleitung: Es werden alle wichtigen Daten genannt – im Zwischenzeugnis entfällt unter normalen Umständen naturgemäß das Austrittsdatum.

Herr Manfred Sikora, geboren am 24.11.1966 in Meppen, ist seit dem 01.04.1999 in unserem Unternehmen als Manager Purchasing & Logistics beschäftigt.

Tätigkeitsbeschreibung: Hier werden Herrn Sikoras Kompetenz und Tätigkeit strukturiert und klar dargestellt.

Herr Sikora führt unseren Unternehmensbereich Purchasing & Logistics eigenverantwortlich durch folgende Tätigkeiten:

- Beschaffungs- und Kapazitätsplanung,
- Lieferantenbewertung und -auswahl,
- Lieferverträge und Lieferantenverhandlung,
- Lieferantenentwicklung und -kontrolle,
- Aufbau unserer Partner- und Lieferantenstruktur mit diversen Zulieferern,
- enge Kooperation bei der Produktentwicklung mit unserem Engineering und externen Entwicklern,
- Aufbau und Einführung definierter Unternehmensprozesse vom Lieferanten zum Kunden,
- Aufbau und Einführung unseres Warenwirtschaftssystems mit Onlineanbindung von externen Fertigungs- und Logistikdienstleistern,
- Aufbau und Einführung unseres Qualitätssicherungssystems.

Fachwissen: Herrn Sikoras fachliche Kompetenz wird mit sehr gut bewertet.

Herr Sikora verfügt über ein hervorragendes Fachwissen, auch in Nebenbereichen, welches er stets sicher und gekonnt in der Praxis einsetzt. Mit Kreativität, höchstem Engagement und nicht nachlassender Dynamik treibt er den Aufbau unseres noch jungen Unternehmens mit voran. Er verfügt über ausgezeichnete Projektmanagement-Techniken, plant und organisiert Projekte und Prozesse stets vorausschauend sowie umsetzungsorientiert und präsentiert Arbeitsergebnisse stets klar strukturiert mit präziser Rhetorik.

Interne wie externe Gespräche führt Herr Sikora mit dem nötigen Fingerspitzengefühl und mit Verhandlungsgeschick, wobei er stets das Wohl des Unternehmens fokussiert. Er ist äußerst belastbar und behält auch in sehr schwierigen Zeiten stets den Überblick. Zielorientierung, konsequent erfolgsorientierte Entscheidungen und innovative Ansätze prägen seinen Arbeitsstil.

Mit seinem präzisen Analysevermögen, das er mit einer schnellen Auffassungsgabe kombiniert, findet er für alle notwendigerweise auftretenden Probleme richtige und praktikable Lösungen, die jeweils die Effektivität unserer Prozesse deutlich erhöhen. Seine 10 Mitarbeiter motiviert Herr Sikora durch Vorbild und einen kooperativen Führungsstil zu gleichbleibend sehr guten Leistungen.

Wir kennen Herrn Sikora als kommunikationsstarken, teamorientierten, hilfsbereiten Mitarbeiter, der als Führungskraft auch das nötige Durchsetzungsvermögen zeigt. Er ist innerhalb wie außerhalb unseres Hauses ein gern und häufig frequentierter Ansprechpartner.

Herr Sikora arbeitet zügig, präzise und verantwortungsbewusst zu unserer Zufriedenheit. Sein persönliches Verhalten ist einwandfrei.

Das Zwischenzeugnis wird auf Wunsch von Herrn Sikora wegen eines Vorgesetztenwechsels ausgestellt.

Bonn, den 31.10.2002 Ernst Domen

Leiter Personal

Leistungsbeurteilung: Hier kommt es zu einem gravierenden Bruch, da der Kernsatz mit befriedigend deutlich geringer angesetzt ist als der Rest des Zeugnisses.

Verhaltensbeurteilung: Auch die Verhaltensbeurteilung fällt mit befriedigend zum Rest des Zeugnisses ab.

Schlussformel: Hier fehlen Dank und Hoffen auf eine weiterhin positive Zusammenarbeit – eine klare Abwertung.

Fazit: Herr Sikora wird insgesamt nur mit befriedigend bewertet, weil die Kernsätze der Beurteilung deutlich in diesem Notenbereich angesiedelt sind.

38 Managerin Demand Management

ZWISCHENZEUGNIS

Einleitung: Sie enthält mit Titel, Name, Geburtsdatum und -ort sowie den Angaben zum Beginn des Beschäftigungsverhältnisses alle wichtigen Angaben.

Frau Dr. Gundula Werner, geb. am 14.01.1965 in Braunschweig, ist seit dem 01.06.1998 in unserem Unternehmen als Managerin Demand Management beschäftigt.

In dieser Position ist Frau Dr. Werner verantwortlich für den strategischen Einkauf von Produktionsmaterialien, Investitionsgütern, Dienstleistungen und Verbrauchsartikeln sowie für die Disposition und Bestandsführung von zugekauften Fertigarzneimitteln. Sie führt sieben Mitarbeiter fachlich und disziplinarisch.

Tätigkeitsbeschreibung: Hier wird alles ausführlich dargestellt, die Mischung aus Fließtext und Aufzählung sorgt für einen abwechslungsreichen Stil.

Hervorzuheben sind folgende Projekte, bei denen Frau Dr. Werner maßgeblich mitarbeitete:

- Design eines neuen Supply Chain-Konzepts für ein spezielles Dialysepräparat zur Belieferung der weltweiten Filialen und Vertriebspartner,
- Einführung des Logistik-Informationssystems von ORACLE,
- Einführung der CRM-Suite SIEBEL 7.

Fachwissen: Frau Dr. Werners Fachwissen wird mit sehr gut bewertet.

Frau Dr. Werner überzeugt uns jederzeit durch ihr hervorragendes und sehr fundiertes Fachwissen, das sie stets absolut sicher und effektiv einsetzt. So ist Frau Dr. Werner in der Lage, zu unserem Gewinn stets sorgfältig abgewogene und effektive Entscheidungen zu treffen. Aufgrund ihres präzisen Analysevermögens, ihrer sehr schnellen Auffassungsgabe und ausgeprägten Kreativität findet sie sehr gute Lösungen, die sie konsequent und erfolgreich in die Praxis umsetzt. Mit Zielorientierung, Übersicht und einer hohen Organisations- und Planungskompetenz führt sie alle Projekte zum sicheren Abschluss.

Verantwortungsbewusstsein, Flexibilität, Vertrauenswürdigkeit und absolute Zuverlässigkeit prägen Frau Dr. Werners Arbeitsstil. Auch in kritischen Situationen behält sie stets die Kontrolle und einen klaren Kopf. Ihre Mitarbeiter motiviert Frau Dr. Werner durch ihr

Vorbild an Tatkraft, Kompetenz und Qualitätsbewusstsein zu gleichbleibend sehr guten Leistungen. Dabei hält sie die richtige Balance zwischen kollegialem Führungsstil und Durchsetzungsvermögen. So genießt sie den hohen Respekt aller Mitarbeiter.

Wir kennen Frau Dr. Werner als freundliche, kontaktstarke und teamorientierte Mitarbeiterin, die sich auf die verschiedensten Gesprächspartner sehr gut einstellt. Auch in der multinationalen Umgebung unseres Konzerns bewegt sie sich souverän, wobei sie hier jederzeit auf ihre fundierten Englischkenntnisse zurückgreifen kann. Ihre Vorgesetzten schätzen besonders ihre fundierten Managementqualifikationen und administrativen Fähigkeiten. Innerhalb wie außerhalb unseres Unternehmens ist Frau Dr. Werner eine sehr geschätzte und häufig frequentierte Ansprechpartnerin.

Wir sind daher mit Frau Dr. Werners Leistungen stets sehr zufrieden. Ihr Verhalten gegenüber Vorgesetzten, Mitarbeitern und Lieferanten ist stets vorbildlich.

Dieses Zwischenzeugnis wurde auf Wunsch von Frau Dr. Werner ausgestellt, weil sie mit Wirkung ab 01.12.2002 zur Unternehmensbereichsleiterin Supply befördert wird. Wir bedanken uns bei ihr für ihre bisher geleisteten hervorragenden und loyalen Dienste und gehen von einer weiterhin so positiven Zusammenarbeit aus.

Bad Homburg, den 30.11.2002 Matthias Jürgs

Leiter Personal

Leistungsbeurteilung: Die vielen positiven Kernkompetenzen führen in Kombination mit dem Kernsatz zur Note sehr gut minus.

Verhaltensbeurteilung: Hier werden alle Personengruppen beachtet und die Note sehr gut vergeben.

Schlussformel: Mit dem Dank und der Aussicht auf die weitere gute Zusammenarbeit ist die Schlussformel perfekt.

Fazit: Frau Dr. Werner wird mit dem Zeugnis mit sehr gut bis sehr gut minus bewertet.

39 Marketing Deputy Director

ZEUGNIS

Einleitung: Hier werden alle wichtigen Punkte erwähnt.

Herr Harald Gernhardt, geboren am 14.02.1962, war in der Zeit vom 01.01.1996 bis 31.12.2002 bei unserer australischen Tochterfirma als Deputy Director Marketing in direkter Unterstellung des Marketing-Directors tätig.

Tätigkeitsbeschreibung: Aus ihr geht der Verantwortungsbereich von Herrn Gernhardt deutlich hervor.

Herr Gernhardt war verantwortlich für
- sämtliche internationalen Projekte der Gesellschaft in Australien,
- die Wholesale-Stufe der CBU-importieren LKW aus Deutschland.

Herr Gernhardt besitzt hervorragende Produktkenntnisse im gesamten Nutzfahrzeugbereich und unterhält heute aufgrund seiner langjährigen Erfahrungen beste Beziehungen und Kontake im südpazifischen Raum. Er führte alle mit seinem Bereich zusammenhängenden planerischen Abläufe im Konzern sowie die Akquisition und Abwicklung der Geschäfte einschließlich der Kundenbetreuung erfolgreich durch und leitete ein Team von drei Verkäufern.

In seinem Aufgabenbereich der Wholesale-Stufe verzeichnete Herr Gernhardt zahlreiche Erfolge:
- Erreichung der Spitzenposition unter den europäischen Wettbewerbern hinsichtlich des Marktanteils (zwischen 15% und 18%),
- eine signifikante Erhöhung des Fahrzeugumlaufs, der spätere Gewinne für den Service-Bereich (Ersatzteile) nach sich zog,
- Restrukturierung der Retail-Vertriebsstufe, die zuvor einen für die Gesellschaft effizienten Absatz nicht ermöglichte,
- Durchsetzung der erforderlichen Produkte im Konzern, die letztendlich die starke Position im Markt ermöglichten.

Herr Gernhardt verfügt über sehr fundierte Managementfähigkeiten und ist außerordentlich belastbar. Besonders hervorheben möchten wir seine Problemlösungsfähigkeit, sein professionelles Marketingverständnis und seine hohe Kommunikationsfähigkeit gegenüber unseren Kunden. Er stellt sich auch in einem multikulturellen Umfeld hervorragend auf seine Gesprächspartner ein und erzielte so mit seinem Team, das er individuell förderte und anleitete, beträchtliche Verkaufserfolge. Dabei kamen ihm seine exzellenten Produktkenntnisse zugute.

Herrn Gernhardts Arbeitsweise ist außerdem geprägt von Verantwortungsbewusstsein, Präzision und absoluter Zielorientierung. Wir waren mit seinen Leistungen stets und in jeder Hinsicht außerordentlich zufrieden.

Wir haben Herrn Gernhardt als sehr offenen, freundlichen und kooperativen Mitarbeiter erlebt, der zu allen Hierarchieebenen innerhalb und außerhalb des Konzerns gute Kontakte pflegte. Dabei zählen auch die jeweiligen Entscheidungsträger sowohl in der Konzernzentrale als auch in den weltweiten Niederlassungen zu seinen persönlichen Bekannten. Er wurde von seinen Vorgesetzten, Mitarbeitern und Kunden stets anerkannt und sehr geschätzt. Sein Verhalten gegenüber allen diesen Personen war stets einwandfrei.

Dieses Zeugnis wurde erstellt, weil Herr Gernhardt mit dem heutigen Tag zurück in die deutsche Konzernmutter wechselt. Wir bedanken uns für seine geleisteten Dienste und freuen uns, ihn weiterhin im Konzern halten zu können.

Brisbane, den 31.12.2002 Dirk Schwacke
Geschäftsführer/Country Manager

Fachwissen: Herrn Gernhardts Fachwissen wird einschließlich der Produktkenntnisse mit sehr gut benotet.

Leistungsbeurteilung: Hier passt das hervorragende Kernkompetenzenportfolio zum Kernsatz der Leistungsbeurteilung, so dass die Note sehr gut vergeben werden kann.

Verhaltensbeurteilung: Hier ist ein Gut bis Sehr gut zu verzeichnen.

Schlussformel: Das Bedauern fehlt, was aber angesichts von Herrn Gernhardts Verbleib im Gesamtkonzern nicht schlimm, sondern durchaus logisch ist.

Fazit: Herr Gernhardt bekommt ein makelloses Zeugnis.

40 Maschinenbauingenieur mit Diplom

ZEUGNIS

Einleitung: Sie ist in Ordnung.

Herr Andreas Kessler, geb. am 12.08.1962 in Schonach, war vom 01.09.1998 bis zum 31.08.2002 in unserer Technischen Abteilung als Diplom-Maschinenbauingenieur tätig.

Tätigkeitsbeschreibung: Herrn Kesslers Tätigkeiten werden im Zeugnis detailliert beschrieben.

Herr Kessler verantwortete und verrichtete die technische Betreuung der von uns betriebenen Drechslereien und die Beratung unserer Handelsabteilung. Im Einzelnen gliederte sich sein Aufgabenbereich wie folgt:

- Erstellung von Angeboten einschließlich Kapazitätsberechnungen und Nettokalkulation,
- Abwicklung von Aufträgen und Projekten:
- Auftragsverhandlungen mit den Kunden und Lieferanten einschließlich Auftragsvergabe,
- Feinlayout der Maschinen und Gebäude als Basis für die Bauplanung sowie technische Detailplanung,
- Koordination der und Zusammenarbeit mit den Kunden, Lieferanten und Architekten, teilweise mit anderen Ingenieurbüros,
- Kostenkontrolle,
- Montageabwicklung inklusive der Montageablauf- und Terminplanung, der Koordinierung der Monteurabrufe zwischen Baustelle und Lieferanten sowie der allgemeinen Baustellenbetreuung,
- Inbetriebnahme und Übergabe an den Kunden einschließlich der Abwicklung von Garantie- und Schadensfällen.

Fachwissen: Sein Fachwissen („verfügt über umfassende und vielseitige Fachkenntnisse, auch in Randbereichen.") wird mit sehr gut bewertet.

Herr Kessler verfügt über umfassende und vielseitige Fachkenntnisse, auch in Randbereichen.

Er hat mit äußerst hohem Einsatzwillen einen sehr guten Beitrag zum Erfolg unserer Projekte geleistet. Besonders hervorzuheben ist seine Kreativität beim Lösen komplexer Problemstellungen. So hat er beispielsweise bei unserem Projekt für die Beta-Drechslerei in Italien durch seine auf der Baustelle entworfenen und am Ort gefertigten Anpassungskonstruktionen teure Lieferungen durch die Maschinenhersteller vermeiden können.

Auch zur Lösung von verfahrenen Situationen setzten wir Herrn Kessler sehr erfolgreich ein. In Bulgarien übernahm er die Bauleitung eines Projektes, nachdem projektgefährdende Schwierigkeiten, hervorgerufen durch das örtliche Management, entstanden waren. Dank Herrn Kesslers unermüdlichem Arbeitseinsatz gelang es ihm, die Situation zu entschärfen und das Projekt zu einem sehr erfolgreichen Abschluss zu führen.

Herr Kessler stellt sich sehr gut auf die interkulturellen Denk- und Arbeitsweisen ein, deshalb ist er international uneingeschränkt einsatzfähig. Er spricht Englisch, Französisch und Spanisch verhandlungssicher. Präsentationen meistert er stets mit sehr gutem rhetorischen Geschick und Gespür für die Belange der Teilnehmer bzw. Verhandlungspartner. Seine Projektmanagementtechniken setzte er ebenso wie sein hervorragendes Engagement und kooperatives Verhalten stets zum Wohle unseres Unternehmens ein. In Teamstrukturen wie allein arbeitete er gleichbleibend sorgfältig, zügig und zielorientiert. Wir waren mit Herrn Kesslers Leistungen daher stets und in jeder Hinsicht außerordentlich zufrieden.

Sein Verhalten gegenüber Vorgesetzten, Mitarbeitern und Kunden war stets vorbildlich. Er war in unserem Hause und bei unseren Kunden ein gern und häufig frequentierter Ansprechpartner.

Leider verlässt uns Herr Kessler mit dem heutigen Tag, um sich neuen Herausforderungen zu widmen. Wir bedauern seinen Entschluss außerordentlich, bedanken uns für seine wertvolle Mitarbeit und wünschen ihm privat wie beruflich alles Gute und weiterhin viel Erfolg.

Würzburg, 31.08.2002 Dr. Kafka

Personalchef

Leistungsbeurteilung: Sie liegt laut Kernsatz („Wir waren mit Herrn Kesslers Leistungen daher stets und in jeder Hinsicht außerordentlich zufrieden.") und dem Kontext bei sehr gut.

Verhaltensbeurteilung: Sie wird laut Kernsatz („Sein Verhalten ... war stets vorbildlich.") mit sehr gut bewertet.

Schlussformel: Sie ist in Ordnung, in dieser Form steht sie unter sehr guten Zeugnissen.

Fazit: Herr Kessler wird mit sehr gut bewertet.

41 Maschinenbautechnikerin und Projektleiterin

ZEUGNIS

Einleitung: Sie ist in Ordnung.

Frau Silke Mayer, geb. am 11.11.1960 in Düsseldorf, war vom 01.08.1990 bis zum 31.08.1995 in unserem Unternehmen als Maschinenbautechnikerin und Projektleiterin beschäftigt.

Tätigkeitsbeschreibung: Frau Mayers Tätigkeiten werden im Zeugnis detailliert beschrieben, so dass sich jeder mögliche Arbeitgeber ein Bild von ihren Kompetenzen und Fähigkeiten machen kann. Nach unserem Ermessen dürften ihr aus der Tätigkeitsbeschreibung heraus keine Karrierenachteile entstehen.

Frau Mayer war für folgende Aufgaben zuständig:

- Technische Klärung mit dem Kunden und den einzelnen Konstruktionsabteilungen,
- Kontaktstelle für alle Kundenbelange auch über das jeweilige Projekt hinweg,
- Überwachung zeitkritischer Abläufe,
- Erarbeitung von Zusatzangeboten während der technischen und kaufmännischen Abwicklung,
- Kontrolle und Abstimmung der Rechnungstermine und Zahlungen,
- Abstimmung der Liefertermine und Montagezeiträume,
- Unterstützung der Baustellenleiter während der Installation und Inbetriebnahme,
- Abnahme der Maschine mit dem Kunden,
- Kontrolle von Rechnungen der Subunternehmen für die Montage und Inbetriebnahme,
- Bearbeitung von Reklamationen,
- Unterstützung des Kunden zur Anlagenoptimierung.

Fachwissen: Frau Mayers Fachwissen („überaus fundiertes Fachwissen") wird mit sehr gut bewertet.

Frau Mayer verfügt über ein überaus fundiertes Fachwissen, das sie stets sehr gekonnt in der Praxis einsetzte. Auch aufgrund ihrer langjährigen Erfahrung in diesem Bereich brachte sie alle Voraussetzungen mit, ihren anspruchsvollen, mit hoher Eigenverantwortung versehenen Aufgaben gerecht zu werden, was ihr stets in hervorragender Weise gelang.

Frau Mayer verfügt über sehr gute IT-Kenntnisse (MS-Produkte Word, Excel, Powerpoint, Outlook, MS-Project etc. sowie SAP R3). Besonders hervorheben möchten wir ihre hervorragende Organisations- und Planungskompetenz sowie ihr sehr gutes Dokumentationsverhalten. Alle Arbeitsergebnisse präsentierte sie stets präzise und verständlich.

Frau Mayer erledigte ihre Aufgaben stets mit großer Sorgfalt, Übersicht und Kreativität, so dass wir ihre Lösungen für alle in der Abwicklung notwendigerweise auftretenden Probleme stets effektiv in der Praxis einsetzen konnten. Durch ihr ausgeprägtes analytisches Denken sowie ihr Vermögen, immer die wesentlichen Zusammenhänge zu erkennen, optimierte Frau Mayer die Arbeitsprozesse in ihrem Bereich, wann immer möglich, bevor eine einzukalkulierende Eventualität auftrat.

Leistungsbeurteilung: Sie liegt laut Kernsatz („...stets ... zu unserer vollsten Zufriedenheit.") und dem dazugehörigen Kontext bei sehr gut.

Frau Mayer war eine sehr belastbare, hochmotivierte und sehr verantwortungsbewusste Mitarbeiterin. Sie informierte ihre Mitarbeiter stets umfassend, delegierte Routineaufgaben sinnvoll und effektiv und motivierte sie zu durchweg hohen Leistungen. Dabei agierte sie initiativ und selbstständig. Frau Mayer erledigte alle ihr übertragenen Aufgaben stets gewissenhaft, zügig und zielstrebig zu unserer vollsten Zufriedenheit.

Bei ihren Vorgesetzten war Frau Mayer wegen ihrer Fachkompetenz, ihres Durchsetzungsvermögens und ihrer offenen Art sehr geschätzt, von ihren Kollegen und unseren Kunden wurde sie wegen ihrer Kontaktfreudigkeit, Verbindlichkeit und ihrer Hilfsbereitschaft respektiert. Ihr persönliches Verhalten war stets vorbildlich.

Verhaltensbeurteilung: Frau Mayers Verhalten wird laut Kernsatz („Ihr Verhalten zu Vorgesetzten, Mitarbeitern und Kunden war stets vorbildlich.") und dem dazugehörigen Kontext mit sehr gut bewertet.

Frau Mayer verlässt unser Unternehmen mit dem heutigen Tag auf eigenen Wunsch, um sich neuen Herausforderungen zu widmen. Wir bedauern ihren Weggang außerordentlich, danken ihr für die sehr gute Zusammenarbeit und wünschen ihr für ihre berufliche wie private Zukunft alles Gute und weiterhin viel Erfolg.

Schlussformel: In dieser Form steht sie unter sehr guten Zeugnissen.

Berlin, 31.08.1995 Dr. Maximilian Kühn

Geschäftsführer

Fazit: Frau Mayer wird mit sehr gut bewertet.

42 Maschinentechnische Entwicklung Bereichsleiter

Einleitung: Sie ist in Ordnung.

ZEUGNIS

Herr Dipl.-Ing. (FH) Matthias Jakobi, geboren am 17.12.1949 in Dresden, war vom 01.02.1994 bis zum 31.07.1999 in unserem Unternehmen als Bereichsleiter Maschinentechnische Entwicklung tätig.

Die ABEL AG betreibt in Deutschland 7 Werke zur Herstellung von Dämmstoffen und Beton. Mit über 1.000 Mitarbeitern und etwa 300 Millionen DM Umsatz gehören wir zu den Marktführern in Europa.

Er ist leitender Angestellter im Sinne von § 5 Abs. 3 BVG, zeichnet mit Handlungsvollmacht nach § 54 HGB und ist dem Vorstand Technik direkt unterstellt.

Tätigkeitsbeschreibung: Herrn Jakobis Tätigkeiten werden im Zeugnis angemessen beschrieben.

Herr Jakobi verantwortete die folgenden Aufgabenschwerpunkte:

- Werksunterstützung und Troubleshooting bei Problemen,
- Projektmanagement, Betreuung von Fremdkonstruktion und Fremdfertigung,
- Neu- und Weiterentwicklung der Anlagen- und Verfahrenstechnik,
- Montage und Inbetriebnahme der Anlagen einschließlich Abnahme und Übergabe an die Werke,
- Zukauf von Maschinen,
- Zusammenarbeit mit den technischen Abteilungen Bautechnik und Materialtechnik,
- CE-Konformität alter und neuer Anlagen,
- Patente und betriebliches Vorschlagswesen,
- Unterstützung der TENTRA GmbH, die die Hebeltechnologie weltweit vertreibt.

Zusätzlich stand für die Forschung und Entwicklung ein Budget von ca. 2 Million DM zur Verfügung, das von Herrn Jakobi beantragt und verwaltet wurde. Unter seiner Leitung wurde ein effektives, netzwerkfähiges EDM-System für die Verwaltung der technischen Dokumente beschafft. Da unsere Firma SAP/R3 einsetzt, arbeitet Herr Jakobi mit dem Controlling- und Bürokommunikationsmodul.

Herr Jakobi arbeitete sich in kürzester Zeit in seine Aufgabenfelder ein und verfügt über sehr gute technische und wirtschaftliche Kenntnisse. Er löste die gestellten Aufgaben immer treffend und pragmatisch, zeigte stets Eigeninitiative und war immer bereit, zusätzliche Belastungen auf sich zu nehmen. Er erzielte auch in Stresssituationen sehr gute Leistungen in qualitativer und quantitativer Hinsicht und war auch stärkstem Arbeitsanfall immer gewachsen. Er verstand es sehr gut, seine Mitarbeiter zu motivieren, die Aufgaben deligierte er optimal, dabei gab er klare und eindeutige Anweisungen.
Herr Jakobi erfüllte die ihm übertragenen Aufgaben stets zu unserer vollsten Zufriedenheit.

Herr Jakobi war äusserst sicher und bestimmt in seinem Auftreten, und zwar kombiniert mit hervorragenden Umgangsformen und einer natürlichen Freundlichkeit. Herrn Jakobis Verhalten zu Vorgesetzten und Mitarbeitern war stets einwandfrei.

Herr Jakobi verlässt mit dem heutigen Tag unser Unternehmen auf eigenen Wunsch. Wir bedauern diese Entscheidung sehr, da wir einen wertvollen Mitarbeiten verlieren, wir bedanken uns für seine sehr gute Arbeit und wünschen ihm weiterhin viel Erfolg und persönlich alles Gute.

Wiesbaden, 31.07.1999 Jürgen Meyer

Personalleiter

Fachwissen: Sein Fachwissen („verfügt über sehr gute technische und wirtschaftliche Kenntnisse") wird mit sehr gut bewertet.

Leistungsbeurteilung: Sie liegt laut Kernsatz („stets zu unserer vollsten Zufriedenheit.") und dem Kontext bei sehr gut.

Verhaltensbeurteilung: Sie wird laut Kernsatz („Herrn Jakobis Verhalten zu Vorgesetzten und Mitarbeitern war stets einwandfrei.") und dem Kontext mit gut bewertet.

Schlussformel: Sie ist in Ordnung, damit wird die Gesamtbewertung des Zeugnisses bestätigt.

Fazit: Herr Jakobi wird mit sehr gut minus bewertet.

43 Multimedia Producer

ZEUGNIS

Einleitung: Sie ist in Ordnung.

Herr Otto Becker, geb. am 22.01.1960 in Wesel, war vom 15.02.2000 bis zum 31.07.2002 in unserem Unternehmen als Multimedia Producer tätig.

Unser Unternehmen INTRA-FACE ist weltweit führend im Bereich Event-Marketing. Zum Kundenkreis gehören renommierte Großunternehmen wie Quelle, Kaufhof und Mercedes.

Tätigkeitsbeschreibung: Sie ist angemessen detailliert.

Herr Becker war im Bereich Multimedia mit folgenden Aufgaben betraut:

- Planung und Erstellung von Layouts,
- Erstellung von Corporate Identities,
- Videoschnitt,
- Soundbearbeitung,
- Bildbearbeitung mit allen gängigen Bildbearbeitungsprogrammen wie QuarkXPress, Photoshop und Freehand,
- 3D-Animation und -design,
- Gestaltung von Powerpoint-Präsentationen,
- Animation mit Flash, Director.

Fachwissen: Sein Fachwissen („verfügt über umfassende Fachkenntnisse") wird mit gut bewertet.

Herr Becker verfügt über umfassende Fachkenntnisse. Aufgrund seiner guten Microsoft- und Apple-Kenntnisse schulte er unsere Mitarbeiter im Umgang mit sämtlichen Office- und Apple-Produkten. Auch in anderen IT-Bereichen verfügt Herr Becker über ein gutes Fachkönnen: So führte er das Management des gesamten Firmennetzwerkes sowie unseres Intranets für Deutschland und Italien durch, überdies gestaltete er die Internetseiten für unsere Kunden sowie den Webauftritt unseres eigenen Unternehmens.

Seine Kreativität und seine schnelle Auffassungsgabe sind bemerkenswert, so dass er auch für schwierige Probleme gute Lösungen fand, die bei unseren Kunden auf eine hohe Akzeptanz stießen. Herr Becker kennt sich in allen relevanten Gebieten des Grafik-Designs gut aus und wendet sein Wissen stets sicher in der Praxis an. Dynamisch und zielsicher führte Herr Becker alle Projekte zu einem erfolgreichen Abschluss.

Herr Becker war belastbar, handelte jederzeit überlegt und führte ergebnisorientierte Maßnahmen entschlossen durch. Schnelligkeit, Sorgfalt und Verantwortungsbewusstsein prägten seinen Arbeitsstil ebenso wie die Fähigkeit, mit Verhandlungsgeschick für das Machbare unsere Kunden kompetent zu beraten. In der Projektarbeit führte er vier Mitarbeiter fachlich, die er gut und treffsicher integrierte. Wir waren während des gesamten Beschäftigungsverhältnisses mit seinen Leistungen voll und ganz zufrieden.

Leistungsbeurteilung: Sie liegt laut Kernsatz („mit seinen Leistungen voll und ganz zufrieden") und dem Kontext bei gut.

Sein persönliches Verhalten war stets einwandfrei. Bei Vorgesetzten, Mitarbeitern und Kunden war er geschätzt.

Verhaltensbeurteilung: Sie wird laut Kernsatz („Sein persönliches Verhalten war stets einwandfrei.") und dem Kontext mit gut bewertet.

Das Arbeitsverhältnis endet betriebsbedingt zum 31.07.2002. Unser Unternehmen wird derzeit umstrukturiert, deshalb muss die Niederlassung in München aufgelöst werden. Wir bedauern diese Entwicklung sehr, danken Herrn Becker für seine jederzeit guten Dienste und wünschen ihm für die private wie berufliche Zukunft alles Gute und weiterhin viel Erfolg.

Schlussformel: Sie ist in Ordnung.

München, 31.07.2002 Dr. Peter Losch

Geschäftsführer

Fazit: Herr Becker wird mit gut bewertet.

44 Personal/Organisation Leitung

ZEUGNIS

Einleitung: Hier werden alle wichtigen Daten genannt.

Herr Gunnar Lindemann, geb. am 22. Januar 1951 in Schladern/Sieg, war vom 01.04.1996 bis zum 30.10.2001, als Leiter des Bereichs Personal und Organisation in unserem Unternehmen tätig.

Tätigkeitsbeschreibung: Sie ist hinreichend detailliert, indem sie den Verantwortungsbereich und wichtige Kennzahlen dokumentiert, könnte aber das Tagesgeschäft noch etwas genauer definieren.

Herrn Lindemann unterstanden die Abteilungen Personal- und Sozialwesen, Organisation, IT und allgemeine Verwaltung mit ca. 100 Mitarbeitern. In dieser Position war er der Geschäftsführung direkt unterstellt.

Im Einzelnen erbrachte Herr Lindemann folgende Leistungen und Erfolge:

- organisatorische Neustrukturierung und Ausrichtung des Unternehmens auf veränderte, liberalisierte Marktbedingungen,
- als Mitglied des Steering-Committees Einführung SAP R/3 in allen Bereichen des Unternehmens,
- Einsourcing der DV-Verantwortung ins Unternehmen, nachdem bis 1998 ein externes DV-Unternehmen mit dieser Aufgabe betraut war,
- Umzug der Unternehmensgruppe in ein neues Produktionsgebäude,
- Schaffung eines neuen AT-Vergütungssystems mit Zielvereinbarung und Bonussystem.

Fachwissen: Es wird mit sehr gut bewertet

Herr Lindemann verfügt über ein hervorragendes Fachwissen in allen Bereichen, die seine vielfältigen Tätigkeiten abdeckten. Seine Arbeitsweise war geprägt von hoher Zuverlässigkeit, sehr guter Qualität und Selbstständigkeit. Er war stets hochmotiviert, zielorientiert, sehr belastbar und äußerst verantwortungsbewusst.

Seine fundierten Projektmanagementtechniken kombinierte er mit vorbildlicher Tatkraft und Dynamik, so dass er neue Prozesse sehr schnell implementierte. Präsentationen und Verhandlungen führte Herr Lindemann stets mit rhetorischem wie analytischem Geschick und klar strukturiert. Er war ein aktiver, innovativer und kreativer Problemlöser, der jederzeit die Umsetzung und Ergebnisorientierung fokussierte.

Leistungsbeurteilung: Das Portfolio an Kernkompetenzen ist zwar auf die Position abgestimmt, der Kernsatz liegt allerdings nur bei befriedigend plus.

Wir haben Herrn Lindemann als sehr kommunikativen, freundlichen und zugänglichen Menschen erlebt, der seine Mitarbeiter zu gleichbleibend hohen Leistungen motivierte. Er pflegte eine Atmosphäre der offenen Kommunikation und war innerhalb wie außerhalb des Unternehmens ein allseits beliebter und häufig frequentierter Ansprechpartner.

Verhaltensbeurteilung: Herrn Lindemanns Verhalten wird mit sehr gut bis gut bewertet.

Wir waren daher mit Herrn Lindemanns Leistungen stets und in jeder Hinsicht zufrieden. Sein Verhalten gegenüber Vorgesetzten, Kollegen und dritten Personen war stets einwandfrei.

Herr Lindemann verlässt uns auf eigenen Wunsch, um sich neuen Herausforderungen zu stellen. Wir bedauern dies außerordentlich, weil wir mit ihm einen wertvollen Mitarbeiter verlieren, bedanken uns bei ihm für seine Dienste und wünschen ihm für seine Zukunft alles Gute und weiterhin viel Erfolg.

Schlussformel: Sie enthält zwar alle wichtigen Elemente, diese sind jedoch nur minimal ausgeführt.

Wiesbaden, den 30.10.2001 Bernhard Paul

Mitglied der Geschäftsführung

Fazit: Das Zeugnis von Herrn Lindemann weist gewisse Brüche auf. Insgesamt würde es ein erfahrenerer Zeugnisleser wahrscheinlich nur mit befriedigend plus bewerten.

45 Personalleiter Anlagenbau

Einleitung: Hier werden alle wichtigen Daten einschließlich des akademischen Titels genannt.

Tätigkeitsbeschreibung: Sie fällt gut detailliert und klar strukturiert aus, wobei sogar Projekterfolge erwähnt werden.

Fachwissen: Hier wird Herrn Afflerbach die Note sehr gut zugesprochen.

ZEUGNIS

Herr Dipl-Kfm. Jens Afflerbach, geb. am 15. März 1965 in Hanau, trat am 1. Oktober 1996 in unsere Unternehmensgruppe als Personalleiter in direkter Unterstellung des Vorstandes ein.

Für alle Unternehmen und an allen Standorten verantwortete und erfüllte Herr Afflerbach alle essenziellen Tätigkeiten rund um die Personalbetreuung, -entwicklung und -verwaltung von der Personalrekrutierung bis hin zur Entgeltabrechnung. Er coachte und beriet unsere Führungskräfte und zeichnete für unsere Nachwuchskräfteentwicklung ebenso verantwortlich wie für die Konzeption und Durchführung von Trainings. Außerdem war er der Ansprechpartner des Betriebsrates.

Herr Afflerbach trug außerdem umfangreiche Projektverantwortung. Die wichtigsten Projekte, die unter seiner Regie in den o.a. Gesellschaften erfolgreich abgewickelt wurden, waren

- der Aufbau dienstleistungsorientierter Personalarbeit,
- die Entwicklung neuer Arbeitszeitmodelle mit maximal möglichem Flexibilitätsgrad bis hin zur Abschaffung der elektronischen Zeiterfassung,
- die Einführung einer funktionsorientierten Entgelt- und Anreizstruktur,
- der Aufbau eines langfristig angelegten Personal- und Organisationsentwicklungskonzeptes und deren Umsetzung,
- die Erstellung und Umsetzung eines Konzepts zur Einführung von Gruppenarbeit,
- das Erarbeiten und Einführen eines langfristig angelegten Personalentwicklungskonzeptes auf der Basis eines 360°-Feedbacks.

Herr Afflerbach verfügt über ein profundes Fachwissen, welches er stets effektiv und erfolgreich in der Praxis einsetzte. Über alle aktuellen Instrumente und Angebote für die Personalentwicklung hielt er sich auf dem Laufenden und beurteilte ihre Sinnhaftigkeit und unternehmensbezogene Anwendbarkeit absolut zutreffend. Er beherrscht Moderations- und Präsentationstechniken sicher und erfüllte alle Vorgaben aufgrund seiner fundierten Projektmanagementtechniken und seiner hoch entwickelten Organisations- und Planungskompetenz stets erfolgreich. Wir kennen Herrn Afflerbach als sehr innovativen, praxisorientierten und effektiven Problemlöser, der stets das Wohl des Unternehmens im Auge behält.

Leistungsbeurteilung: Zusammen mit den erwähnten Kernkompetenzen wird Herr Afflerbach mit sehr gut benotet.

Herr Afflerbach ist äußerst belastbar und hoch motiviert. So setzte er sich immer auch außerhalb der normalen Geschäftszeiten für unser Unternehmen ein. Er arbeitet stets sehr zügig, sorgfältig und verantwortungsbewusst. Seine acht Mitarbeiter führte er durch Vorbildfunktion und Übersicht zu großen Erfolgen. Wir waren daher mit Herrn Afflerbachs Leistungen stets und in jeder Hinsicht sehr zufrieden.

Verhaltensbeurteilung: Hier ist ein Gut bis Sehr gut zu verzeichnen.

Wir kennen Herrn Afflerbach als sehr kooperativen, integrativen und teamfähigen Mitarbeiter, der im Unternehmen ein beliebter und stark frequentierter Ansprechpartner war. Entscheidungen, die zwar notwendig, jedoch unpopulär waren, fällte er mit dem gebotenen Durchsetzungsvermögen aber auch Fingerspitzengefühl. Er besaß ein außergewöhnliches Verhandlungeschick und große Überzeugungskraft, was ihm den ungeteilten Respekt seiner Vorgesetzten einbrachte. Sein Verhalten zu Vorgesetzten und Mitarbeitern war stets einwandfrei.

Schlussformel: Sie enthält alle wichtigen Elemente und rundet das Zeugnis perfekt ab.

Herr Afflerbach verlässt unser Unternehmen auf eigenen Wunsch mit dem heutigen Tag, um sich neuen Herausforderungen zu widmen. Dies bedauern wir außerordentlich, da wir mit Herrn Afflerbach einen effektiven und sehr erfahrenen Mitarbeiter verlieren. Wir bedanken uns für seine geleisteten wertvollen Dienste und wünschen ihm für seine berufliche wie private Zukunft alles Gute und weiterhin viel Erfolg.

Fazit: Herr Afflerbach erhält ein ausgezeichnetes Zeugnis – allerdings kann man das von einem Personalleiter, der vom Fach kommt, auch erwarten.

Würzburg, den 30.09.2001

Werner Wenderoth

Vorstand Personal und Administration

46 Personalwesen Bereichsleiter

Einleitung: Die beiden einleitenden Sätze sind in Ordnung.

ZEUGNIS

Herr Jürgen Abel, geb. am 02.11.1961 in München, war vom 01.10.1997 bis zum 31.07.1999 als Bereichsleiter Personalwesen in unserem Unternehmen tätig.
Die Schlüter AG ist einer der Marktführer auf dem Gebiet der Rohrschlangenherstellung. Das Unternehmen beschäftigt 180 Mitarbeiter.

Tätigkeitsbeschreibung: Herrn Abels Tätigkeiten werden im Zeugnis sehr detailliert beschrieben, nach unserem Ermessen dürften ihm aus der Tätigkeitsbeschreibung heraus keine Karrierenachteile entstehen.

Herr Abel verrichtete in dem Bereich Personalwesen die folgenden Tätigeiten:

- Verantwortung der Bereiche Personalrekrutierung, -verwaltung, -entlohnung, -entwicklung,
- Durchführung verschiedener Maßnahmen zur Organisationsentwicklung,
- Durchführung der Betriebsratsarbeit auf Seiten der Geschäftsführung.

Herr Abel trug die direkte Personalverantwortung für sieben Mitarbeiter. Wir verdanken ihm die Bildung einer Personalabteilung und die Ausarbeitung sämtlicher Abläufe, die Überarbeitung wichtiger Elemente der Personalarbeit, wie z.B. Anstellungsverträge oder Reisekostenrichtlinie, sowie die Erarbeitung eines Organisationshandbuches zur Personalarbeit und Einführung der Maßnahmen.

Fachwissen: Herrn Abels Fachwissen wird mit sehr gut bewertet.

Nach einer dreimonatigen Einarbeitungszeit übernahm Herr Abel selbstständig seinen Aufgabenbereich. Aufgrund seiner schnellen Auffassungsgabe, die er mit einem ausgezeichneten Fachwissen und hervorragenden Managementqualifikationen verbindet, erzielte Herr Abel sehr gute Erfolge. Er erkannte auch schwierige Zusammenhänge sofort, analysierte Probleme in Prozessen schnell und zuverlässig und fand ebenso kreative wie realistische Lösungen, die er zudem stets effektiv in die Praxis umsetzte. Seine fundierte und sichere Urteilsfähigkeit ermöglichte es ihm auch in schwierigen Situationen eigenständig zu guten Entscheidungen zu gelangen.

Herr Abel war ein sehr engagierter und hoch motivierter Mitarbeiter, der sich auch weit über die geregelte Arbeitszeit hinaus für unser Unternehmen einsetzte. Er arbeitete stets zuverlässig, zielorientiert, zügig und selbstständig. Auf neue Situationen reagierte er flexibel und innovationsorientiert.

Seine Mitarbeiter motivierte Herr Abel in vorbildlicher Weise und führte sie stets zu hervorragenden Ergebnissen, wobei er Routineaufgaben effektiv delegierte. Er war als Führungskraft allseits anerkannt, geschätzt und ein gern und häufig frequentierter Ansprechpartner. Alle Aufgaben erfüllte er stets zu unserer vollsten Zufriedenheit.

Er agierte teamorientiert und pflegte eine Atmosphäre der Offenheit, Vertrauensbereitschaft und Kooperativität. Herrn Abels Verhalten gegenüber Vorgesetzten und Mitarbeitern war stets einwandfrei.

Herr Abel scheidet auf eigenen Wunsch aus unserem Unternehmen aus. Wir bedauern diesen Schritt, weil wir mit ihm eine wichtige und loyale Führungskraft verlieren. Wir bedanken uns für die geleisteten Dienste und wünschen ihm für seine berufliche wie private Zukunft alles Gute und weiterhin viel Erfolg.

München, den 31.07.1999 Andreas Schulte

Geschäftsführer

Leistungsbeurteilung: Sie liegt laut Kernsatz („Alle Aufgaben erfüllte er stets zu unserer vollsten Zufriedenheit.") und dem Kontext bei sehr gut.

Verhaltensbeurteilung: Sie liegt laut Kernsatz („Herrn Abels Verhalten ... war stets einwandfrei. ") und dem Kontext bei gut.

Schlussformel: Sie ist in Ordnung.

Fazit: Herr Abel wird mit sehr gut minus bewertet.

47 Principal eBusiness Consulting

ZEUGNIS

Einleitung: Es werden alle wichtigen Daten genannt.

Herr Matthias Scheer, geboren am 9. Februar 1971 in Erlangen, war vom 1. Mai 2000 bis zum 31. Oktober 2002 in unserem Unternehmen als Principal eBusiness Consulting tätig.

Tätigkeitsbeschreibung: Sie fällt relativ kurz, aber doch hinreichend detailliert aus, indem sie die Projekttätigkeit klar beschreibt.

Herr Scheer ist verantwortlich für die Einführung einer Web-Content-Management-Lösung auf Basis BlueMartini bei internationalen Großkunden. Mit Hilfe der implementierten Lösung werden die weltweiten Internet- und Extranet-Sites der Konzerne redaktionell gepflegt. In diesem Rahmen leitete Herr Scheer ein Team von 15 Consultants.

Zu Herrn Scheers Aufgaben gehörte nicht nur die Steuerung der kompletten Konzeption, Architektur und Implementierung der Anwendung, sondern auch die Unterstützung bei der Angebotserstellung und besonders das technische Consulting beim Kunden sowie die technische Projektleitung inklusive Planung, Kalkulation und Aufwandsschätzung. Zusätzlich koordinierte Herr Scheer die Zusammenarbeit mit der jeweils für das Webdesign verantwortlichen Agentur.
Besonders betonen möchten wir, dass die von Herrn Scheer erbrachte Projektleistung immer absolut überdurchschnittlich war. Sowohl Kunden als auch Projektleiter waren mit seinen Lösungen stets außerordentlich zufrieden.

Fachwissen: Herrn Scheers Fachwissen wird mit sehr gut bewertet

Wir lernten Herrn Scheer als außerordentlich zuverlässigen und selbstständigen Mitarbeiter kennen, dessen Arbeitsweise immer höchsten Ansprüchen genügte. Er verfügt über ein außergewöhnlich hohes Maß an Leistungsbereitschaft und Eigeninitiative. Seine ausgezeichneten Fachkenntnisse setzte er nicht nur sehr gekonnt und effektiv in der Praxis ein, sondern er war auch stets bereit, diese eigeninitiativ weiterzuentwickeln.

Herr Scheer ist äußerst belastbar, arbeitet auch unter extremem Termindruck mit nicht nachlassendem Eifer sowie Qualitätsbewusstsein und verfolgt beharrlich den optimalen Prozessweg. Mit Kreativität, geschärftem Analysevermögen und sehr schneller Auffassungsgabe entwickelte er sehr gute Lösungen, die er effektiv und gewinnbringend umsetzte. Im Consulting war Herr Scheer aufgrund seiner Kompetenz, Kundenorientierung und außerordentlichen Einsatzbereitschaft ein jederzeit anerkannter und häufig frequentierter Ansprechpartner, der sich weit über die geregelte Arbeitszeit hinaus erfolgreich für unser Unternehmen einsetzte.

Leistungsbeurteilung: In Kombination mit dem passenden Portfolio an Kernkompetenzen wird auch hier im Kernsatz ein sehr gut vergeben.

Kooperativität, Kollegialität und Teamorientierung prägen Herrn Scheers Verhalten. Er ist in allen Situationen kommunikativ, verantwortungsbewusst und kann sich gegen Widerstände zum Wohle des Projekts durchsetzen. Seine Mitarbeiter, die ihn stets anerkannten und sehr respektierten, führte er straff zu sehr guten Leistungen.

Verhaltensbeurteilung: Sie fällt ebenfalls sehr gut aus.

Die ihm übertragenen Aufgaben erfüllte er in jeder Hinsicht stets zu unserer vollsten Zufriedenheit. Sein persönliches Verhalten gegenüber Vorgesetzten, Kollegen und jeglichen dritten Personen war stets vorbildlich.

Herr Scheer verlässt uns mit dem heutigen Tag auf eigenen Wunsch, weil er neue Herausforderungen annehmen möchte. Diese Entscheidung bedauern wir außerordentlich. Wir danken ihm gleichwohl für seine Mitarbeit und wünschen ihm weiterhin viel Erfolg und persönlich alles Gute.

Schlussformel: Hier werden alle drei Höflichkeitselemente genannt – sehr gut.

Darmstadt, den 31. Oktober 2002

Dr. Knut Schreier

Head of Practice Group
E-Business Consulting

Fazit: Herr Scheer erhält ein sehr gutes Zeugnis, das er bedenkenlos einem neuen Arbeitgeber oder Personalberater vorlegen kann.

48 Projektleiter E-Business

ZEUGNIS

Einleitung: Der einleitende Satz ist in Ordnung.

Herr Sven Fischer, geb. am 20. Januar 1965 in Bad Marienberg, war vom 1. August 1997 bis zum 31.12.1999 in unserem Unternehmen als Projektleiter E-Business tätig.

Tätigkeitsbeschreibung: Herrn Fischers Tätigkeiten werden im Zeugnis detailliert beschrieben, nach unserem Ermessen dürften ihm aus der Tätigkeitsbeschreibung heraus keine Karrierenachteile entstehen.

Herr Fischer vertrat unsere Firma von der allgemeinen Darstellung der Kompetenzen im Umfeld E-Business bis hin zur konkreten Diskussion von Lösungsansätzen für Angebotspräsentationen und anschließender Umsetzung nach Konzeptionen im Rahmen unseres internationalen IT-Projektmanagements. Dabei führte Herr Fischer erfolgreich Teams von bis zu 15 Mitarbeitern.

Er war Mitglied des Delta Teams E-Business, das eine Marketingstrategie für unseren Hauptkunden MZW PAL entwickelte. Außerdem übernahm er die Redaktion und Entwicklung einer E-Business-Studie, die einen Überblick über aktuelle Trends und Einsatzmöglichkeiten des E-Business gibt.

Maßgeblich war Herr Fischer an der Planung des Messeauftritts unseres Unternehmens auf der DSMD Messe in Heidelberg beteiligt. Seine Ideen zeigten neue Wege und erweiterten das vorhandene Lösungsspektrum unseres Managements. Aus den vielen positiven Rückmeldungen haben wir zum Teil neue Kundenkontakte schaffen können.

Leistungsbeurteilung: Sie liegt laut Kernsatz („Wir waren mit seinen Leistungen stets und in jeder Hinsicht außerordentlich zufrieden.") und dem Kontext bei sehr gut.

Herrn Fischer zeigte ein stets vorbildliches betriebswirtschaftliches methodisches Vorgehen, das er mit seinen sehr fundierten Managementqualifikationen kombinierte. Mit sehr großer Kreativität, präzisem Analysevermögen und Umsetzungsorientierung fand Herr Fischer stets sehr gute Lösungen, die wir erfolgreich in unsere Prozesse einfließen ließen. Äußerste Motivation, hohe Belastbarkeit, Verantwortungsbewusstsein und Eigenständigkeit sind für Herrn Fischer selbstverständlich. Er setzte sich stets für die Interessen unseres Unternehmens ein, war absolut vertrauenswürdig und führte auch schwierige Projekte mit Beharrlichkeit und Zielorientierung zu

einem erfolgreichen Abschluss. Seine Rolle als Führungskraft erfüllte er sehr gut, indem er seine Teams zu gleichbleibend sehr guten Leistungen motivierte.
Wir waren mit seinen Leistungen stets und in jeder Hinsicht außerordentlich zufrieden.

Neben seinen fachlichen und persönlichen Fähigkeiten wurde Herr Fischer wegen seiner aktiven, kooperativen und hilfsbereiten Art von Vorgesetzten, Mitarbeitern, Teamkollegen und Kunden sehr geschätzt.

Auch in einem internationalen und multikulturellen Umfeld agierte und kommunizierte er jederzeit sicher. Dabei griff er auf seine verhandlungssicheren Englischkenntnisse und umfangreichen Auslandserfahrungen zurück. Das Verhalten von Herrn Fischer gegenüber Vorgesetzten, Mitarbeitern, Kollegen und Kunden war stets vorbildlich.

Herr Fischer scheidet auf eigenen Wunsch aus unserem Unternehmen aus. Wir bedauern seine Entscheidung sehr, da wir einen wertvollen Mitarbeiter verlieren. Wir danken ihm für seine stets hervorragende Arbeit in unserem Unternehmen und wünschen ihm weiterhin viel Erfolg und persönlich alles Gute.

Freiburg, 31.12.1999 Dr. Alexander Tier

Personalchef

Fachwissen:
Es wird mit sehr gut bewertet. Allerdings muss man sich diese Bewertung aus dem Kontext ableiten, ein entsprechender Kernsatz zum Fachwissen sollte noch unmittelbar nach der Tätigkeitsbeschreibung eingefügt werden.

Verhaltensbeurteilung:
Sie („Das Verhalten von ... war stets vorbildlich.") liegt bei sehr gut.

Schlussformel:
Sie ist in Ordnung, in dieser Form steht sie unter sehr guten Zeugnissen.

Fazit:
Herr Fischer wird mit sehr gut bewertet.

49 Projektleiter Gesundheitswesen

Zeugnis

Einleitung: Der einleitende Absatz ist in Ordnung.

Herr Diplom-Psychologe Dr. Michael Barthe, geboren am 02.03.1972 in Hannover, war vom 01.04.2001 bis zum 31.03.2005 als Projektleiter Gesundheitswesen in unserem Klinikum tätig.

Tätigkeitsbeschreibung: Herrn Dr. Barthes Tätigkeiten werden im Zeugnis ausreichend detailliert beschrieben, so dass sich jeder mögliche Arbeitgeber ein Bild von seinen Kompetenzen und Fähigkeiten machen kann.

Er erarbeitete in seiner Funktion im Bereich Health Care selbstständig Lösungen im klinischen, administrativen wie auch im strategisch-konzeptionellen Bereich. Er entwickelte und begleitete alle Projektphasen, von der Konzeption zur Entwicklung des Designs und der Erstellung eines Prototyps bis zum Einsatz vor Ort unter besonderer Berücksichtigung des Qualitätsmanagements.

Fachwissen: Sein Fachwissen („breites und fundiertes Fachwissen") wird mit gut plus bewertet.

Sein breites und fundiertes Fachwissen setzte Herr Dr. Barthe in den Bereichen Prävention, Rehabilitation und Medizincontrolling sicher und zielgerichtet ein. Hierbei unterstützten ihn seine hervorragenden praktischen IT-Kenntnisse, insbesondere in der Implementierung von SAP R/3 IS-H*Med.

Herr Dr. Barthe setzte seine ausgeprägten konzeptionellen Fähigkeiten und sein hohes analytisches Denkvermögen verbunden mit seiner schnellen Auffassungsgabe sicher und ergebnisorientiert in den einzelnen Projektphasen ein. Dabei bewies er stets eine über dem Durchschnitt liegende Einsatzbereitschaft und hohe Motivation.

Bei auftretenden Problemen reagierte Herr Dr. Barthe jederzeit flexibel und lösungsorientiert. Die von ihm geleiteten Projekte plante er genau, er setzte die richtigen Meilensteine und optimierte die Geschäftsprozesse so, dass sein Zielerreichungsgrad weit über unseren Erwartungen lag.

Die Arbeitsweise von Herrn Dr. Barthe war immer geprägt von großer Teamorientierung. Seine Mitarbeiter hielt er stets auf dem aktuellen Stand, so war ein reibungsloser Ablauf in den von ihm geleiteten Projektphasen jederzeit gewährleistet.

Herr Dr. Barthe hat unseren hohen Anforderungen stets und in bester Weise entsprochen.

Das persönliche Verhalten von Herrn Dr. Barthe war immer vorbildlich. Bei Vorgesetzten, Mitarbeitern und Geschäftspartnern war er wegen seiner hohen Kompetenz und seines überzeugenden kommunikativen Verhaltens ein stets geschätzter Gesprächspartner.

Herr Dr. Barthe verlässt unser Unternehmen mit dem heutigen Tage auf eigenen Wunsch, weil er sich beruflich neuen Herausforderungen stellen will. Wir bedauern seine Entscheidung sehr, weil wir in ihm einen wertvollen Mitarbeiter verlieren, der sich stets für die Belange des Klinikums eingesetzt hat. Wir wünschen ihm für seine berufliche wie private Zukunft alles Gute und weiterhin viel Erfolg.

Berlin, 31.03.2005 Dr. Thomas Winter

Leiter Human Resources

Leistungsbeurteilung: Sie liegt laut Kernsatz („Herr Dr. Barthe hat unseren hohen Anforderungen stets und in bester Weise entsprochen.") und dem Kontext bei sehr gut minus.

Verhaltensbeurteilung: Sie liegt laut Kernsatz („Das persönliche Verhalten von Herrn Dr. Barthe war immer vorbildlich.") und dem folgenden Satz bei sehr gut minus.

Schlussformel: Sie ist in Ordnung, damit wird die Endnote des Zeugnisses bestätigt.

Fazit: Herr Dr. Barthe wird mit sehr gut minus bewertet.

50 Projektleiter international

ZEUGNIS

Einleitung:
Es werden alle wichtigen Daten einschließlich des Titels genannt.

Herr Dr.-Ing. Markus Weinzierl, geb. am 15.06.1964 in Dingolfing, war vom 01.07.1998 bis zum 30.08.2002 in unserem Unternehmen als Projektleiter tätig.

Tätigkeitsbeschreibung:
Sie fällt exorbitant kurz aus, was in diesem Zusammenhang auf eine mögliche Geheimhaltungspflicht schließen lässt.

Herr Dr. Weinzierl leitete das Projekt Eurospace5 und führte in diesem Rahmen ein internationales Team, das neben konzerninternen Mitarbeitern zahlreiche externe Experten aus den USA und Russland einschließt. Ziel des Projekts war die Entwicklung einer Laboreinheit als Bauteil einer Raumstation, die spezielle naturwissenschaftliche Versuche in der Schwerelosigkeit ermöglicht.

Parallel wirkte Herr Dr. Weinzierl an drei großen Angeboten mit, die wir auch dank seiner präzisen Aufwandsabschätzung und der daraus resultierenden vorzüglichen Kalkulation alle gewonnen haben.

Fachwissen:
Es wird mit sehr gut bewertet

Herr Dr. Weinzierl verfügt über ein hervorragendes Fachwissen, welches er stets aktualisiert und eigeninitiativ erweitert. Er absolvierte beispielsweise mehrere Seminare über effektives Projektmanagement erfolgreich und nimmt regelmäßig an einem konzernweiten Arbeitskreis zum selben Thema Teil.

Das Projekt und seine Teilprojekte wickelte Herr Dr. Weinzierl stets mit fundierter Planung, Übersicht und ausgeprägter Zielorientierung ab. Dabei führte er seine bis zu 25 Mitarbeiter durch sein Vorbild an Motivation und Kollegialität zu stets sehr guten Leistungen. Bei Präsentationen überzeugte er durch eine klare Strukturierung, ausgefeilte Rhetorik und übersichtliche Illustrationen. Er versteht es in bester Weise, komplizierte Zusammenhänge verständlich darzustellen. Besonders betonen möchten wir Herrn Dr. Weinzierls Fähigkeit, mit Kreativität, präzisem Analysevermögen und ganzheitlichem Denken sehr gute Lösungen zu entwickeln und effektiv in die Praxis umzusetzen.

Selbstständigkeit, Zuverlässigkeit, Genauigkeit und Verantwortungsbewusstsein prägen seinen Arbeitsstil. Herr Dr. Weinzierl ist stets an Innovationen interessiert, sehr leistungsmotiviert und flexibel. Er erledigte alle Aufgaben stets zu unserer vollsten Zufriedenheit.

Herr Dr. Weinzierl war jederzeit kooperativ, hilfsbereit und sehr teamfähig. In Gesprächen mit unseren Kunden überzeugte er durch fachliche Kompetenz und Kundenorientierung. Er war innerhalb wie außerhalb unseres Unternehmens ein allseits beliebter und geschätzter Ansprechpartner. Sein Verhalten gegenüber Vorgesetzten, Mitarbeitern und jeglichen dritten Personen war stets einwandfrei.

Herr Dr. Weinzierl verlässt uns mit dem heutigen Tag auf eigenen Wunsch, um sich neuen Herausforderungen zu widmen, was wir sehr bedauern. Wir bedanken uns für seine geleisteten wertvollen Dienste und wünschen ihm für seine berufliche wie private Zukunft alles Gute und weiterhin viel Erfolg.

München, den 30.08.2002 Dr. Hartmut Wislhuber

Bereichsleiter R&D Space Division

Leistungsbeurteilung: Hier ist ein vorzügliches Portfolio an Kernkompetenzen und ein makelloser Kernsatz zu verzeichnen – sehr gut.

Verhaltensbeurteilung: Herrn Dr. Weinzierls Verhalten wird mit gut bis sehr gut bewertet.

Schlussformel: Hier sind alle wichtigen Elemente enthalten, so dass das Zeugnis perfekt abgerundet wird.

Fazit: Herr Dr. Weinzierl kann die kurze Tätigkeitsbeschreibung aufgrund des sehr guten Rests bestens verkraften – das Zeugnis bewertet ihn mit sehr gut.

51 Projektleiter IT

ZEUGNIS

Einleitung: Sie ist in Ordnung.

Tätigkeitsbeschreibung: Sie ist angemessen detailliert.

Herr Diplom Kaufmann Christoph Coe, geboren am 11.10.1957 in Kaufbeuren, war vom 01.07.1996 bis zum 31.07.2000 in unserem Unternehmen als Projektleiter tätig.

Die Schwerpunkte von Herrn Coes komplexen Tätigkeiten gestalten sich wie folgt:

- Koordination der Mitarbeiter für die Implementierung und Betreuung der spezifischen IT-Lösungen für die ADEX AG,
- Design, Implementierung, Inbetriebnahme und Betreuung von Hochverfügbarkeits- und Disaster-Recovery-Lösungen in Verbindung mit Storagesystemen im High-End-Umfeld,
- Preis- und Dienstleistungsgestaltung für die IT-Prozesse „Implementierung und Betreuung von UNIX RS/6000 AIX Servern",
- Evaluierung der Kundenanforderungen und Entwicklung von IT-Strategien im Hinblick auf Geschäftsprozesse,
- Konzipieren von Storage-Lösungen für den Einsatz moderner Storage-Area-Network-Komponenten auf Basis von IBM-Produkten in den Bereichen Hochverfügbarkeit, Cluster und ausfallsichere Speicherkonfigurationen in nationalen und internationalen Projekten,
- Konzeptionelle und technische IT-Beratung mit dem Schwerpunkt UNIX,
- Analyse bestehender heterogener Kundensystemumgebungen und Erstellen von IT-Gesamtkonzeptionen, (... [*Siehe CD*])
- Fehleranalyse, Fehlerdiagnose und Fehlerbehebung vor Ort. Unterstützung des Kunden bei Eskalationen.

Fachwissen: Sein Fachwissen („sehr guten Fachkenntnisse") wird mit sehr gut bewertet.

Herr Coe überzeugte uns in jeder Hinsicht durch seine sehr guten Fachkenntnisse und seine hervorragenden Managementqualifikationen. Die Planung, Steuerung und das Management seiner Projekte erfüllte er jederzeit sehr erfolgreich, nicht zuletzt wegen seiner sehr guten analytischen Fähigkeiten, die es ihm erlaubten, komplexe Projekte sehr effizient durchzusetzen. Seine Erfolge erzielte Herr Coe auch durch die Sicherstellung einer immer konstruktiven Teamarbeit gepaart mit einer zielorientierten und strategischen Vorgehensweise.

Herr Coe war ein sehr engagierter, hoch motivierter und sehr belastbarer Mitarbeiter, der sich auch jenseits der tariflichen Arbeitszeit für unser Unternehmen einsetzte. In diesem Zusammenhang möchten wir besonders hervorheben, dass Herr Coe immer wieder bereit war, Sonderaufgaben zu übernehmen und sich sehr engagiert weiterbildete. In Verhandlungen bewies er stets ein hervorragendes rhetorisches Geschick, reagierte auf neue Situationen souverän und behielt auch unter extremer Belastung immer einen kühlen Kopf. Herr Coe motivierte seine Mitarbeiter stets zu hervorragenden Leistungen und außerordentlicher Effektivität, wobei er selbst als Vorbild agierte. Um seine versierte Organisations- und Planungskompetenz konzentriert einzusetzen, delegierte er Routineaufgaben jederzeit effektiv. Die übertragenen Aufgabenbereiche erfüllte Herr Coe stets zu unserer vollsten Zufriedenheit.

Bei seinen Vorgesetzten war Herr Coe wegen seiner Fachkompetenz, seiner Vertrauenswürdigkeit, seines Durchsetzungsvermögens und seiner Führungsfähigkeit, bei seinen Kollegen und unseren Kunden wegen seiner vielfältigen Kompetenzen sowie wegen seines hervorragenden Kooperationsverhaltens sehr geschätzt. Er war ein immer beliebter Ansprechpartner. Sein Verhalten zu Vorgesetzten, Mitarbeitern und Kunden war stets vorbildlich.

Aus betriebsbedingten Gründen endete das Arbeitsverhältnis am 31.07.2000. Wir bedauern diese Entwicklung sehr, da wir mit ihm einen ausgezeichneten Mitarbeiter verlieren. Wir danken ihm für seine stets hervorragende Arbeit und wünschen ihm weiterhin Erfolg und persönlich alles Gute.

Bonn, 31.07.2000 Dr. Lothar Sauer

Geschäftsführer

Leistungsbeurteilung: Sie liegt laut Kernsatz („stets zu unserer vollsten Zufriedenheit") und dem Kontext bei sehr gut.

Verhaltensbeurteilung: Sie wird laut Kernsatz („Sein Verhalten zu Vorgesetzten ... war stets vorbildlich") und dem Kontext mit sehr gut bewertet.

Schlussformel: Sie besagt, dass Herr Coe eine Kündigung erhalten hat, sie bewertet ihn mit sehr gut.

Fazit: Herr Coe wird mit sehr gut bewertet.

52 Qualitätsauditor

ZWISCHENZEUGNIS

Einleitung: Der einleitende Satz ist in Ordnung.

Herr Dieter Bach, geboren am 10.09.1965 in Heidelberg, ist seit dem 01.08.1983 in unserem Unternehmen in Koblenz tätig.

Zunächst absolvierte Herr Bach vom 01.08.1983 bis zum 31.07.1986 eine Ausbildung zum Kfz-Schlosser, über diesen Zeitraum wurde ein Ausbildungszeugnis erstellt.

Tätigkeitsbeschreibung: Herrn Bachs Tätigkeiten werden im Zeugnis ausreichend detailliert beschrieben, deshalb entstehen ihm keine Karrierenachteile.

Zum 01.08.1986 wechselte Herr Bach in die Qualitätssicherung unserer Fahrzeugfertigung, wo er zunächst als Kfz-Schlosser und später als technischer Kontrolleur eingesetzt wurde. Aufgrund seiner Kenntnisse wurde er seit 1993 mit folgenden zusätzlichen Aufgaben betraut:

- Untersuchung von kritischen Federungssystemen am Fahrzeug unter Anwendung statistischer Auswertungsverfahren und Problemlösungstechniken,
- Qualitätsdatenauswertung und -darstellung,
- Pflege eines Prüfmittelüberwachungssystems,
- Planung, Durchführung von Maßnahmen zur Prozesslenkung,
- Beurteilung der Prozessfähigkeit von Federsystemen in der Fahrzeugmontage inklusive Aufbau und Pflege eines Stichprobensystems,
- Abwicklung von Beanstandungen, Problemlösungen, Bauteiländerungen, Einbauversuchen, Versuchserprobungen, Erstmusterabnahmen, Qualitätsgesprächen, Projekten zur Qualitätsverbesserung, Lieferantenauswahl,
- Durchführung interner und externer Qualitätsaudits samt Vor- und Nachbereitung sowie Störungsabhilfebesuche,
- Abschluss von ppm-Vereinbarungen, technische und organisatorische Absprachen mit Fachbereichen und Lieferanten,
- Einleitung und Verfolgung von Maßnahmen zur Qualitätssicherung und -verbesserung.

Herr Bach verfügt über umfassendes und vielseitiges Fachwissen, auch in Randbereichen. Er arbeitet sich schnell und sicher in neue Aufgabenbereiche ein und ist ein sehr selbstständiger Mitarbeiter.

Die Interessen des Unternehmens haben für Herrn Bach jederzeit höchste Priorität und er identifiziert sich stets in vorbildlicher Weise mit der übernommenen Verantwortung. Auch bei notwendigerweise auftretenden Problemen in Prozessabläufen realisiert er energisch die vereinbarten Ziele. Seine kontinuierliche inner- und außerbetriebliche Weiterbildung untermauert seine außergewöhnlich hohe Lernbereitschaft.

Herr Bach ist ein ausdauernder und sehr belastbarer Mitarbeiter, der auch unter schwierigen Arbeitsbedingungen alle Aufgaben stets sehr gut bewältigt und weit überdurchschnittliche Ergebnisse erzielt. Dabei geht er an alle Aufgaben stets planvoll, systematisch und zielgerichtet heran. Seine Arbeitsweise ist zudem geprägt durch höchste Einsatzbereitschaft, Sorgfalt, Zuverlässigkeit und Termingenauigkeit. Herr Bach arbeitet immer konzentriert, gewissenhaft und eigenverantwortlich. Wir sind daher mit seinen Leistungen jederzeit außerordentlich zufrieden.

Herr Bach verhält sich stets kooperativ, aufgeschlossen und sehr höflich. Aufgrund seiner sehr ausgeprägten Team- und Überzeugungsfähigkeit wird er von Vorgesetzten, Kollegen und Geschäftspartnern sehr geschätzt. Sein Verhalten gegenüber Vorgesetzten, Kollegen, Geschäftspartnern sowie Kunden ist stets vorbildlich.

Dieses Zwischenzeugnis wird auf Wunsch von Herrn Bach ausgestellt. Wir möchten diese Gelegenheit nutzen, um ihm an dieser Stelle für die bisher geleistete Arbeit zu danken und wünschen ihm auch weiterhin viel Erfolg in unserem Unternehmen.

Koblenz, den 01.05.1999 Petra Kiesing

Geschäftsführerin

Fachwissen: Sein „umfassendes und vielseitiges Fachwissen, auch in Randbereichen" wird mit sehr gut bewertet.

Leistungsbeurteilung: Sie liegt laut Kernsatz („Wir sind daher mit seinen Leistungen jederzeit außerordentlich zufrieden.") und dem Kontext bei sehr gut.

Verhaltensbeurteilung: Sie liegt laut Kernsatz („Sein Verhalten gegenüber ... ist stets vorbildlich.") und dem Kontext bei sehr gut.

Schlussformel: Sie ist in Ordnung, damit wird die Gesamtbewertung des Zeugnisses bestätigt.

Fazit: Herr Bach wird mit sehr gut bewertet.

53 Sales Manager

ZEUGNIS

Einleitung: Sie ist in Ordnung.

Herr Jürgen Peters, geb. am 14.09.1964 in Neuwied, war vom 01.01.1995 bis zum 31.10.2002 in unserem Unternehmen als Sales Manager beschäftigt. Die BÜRDAL Deutschland erzielt bei einer Anzahl von mehr als 8.000 Mitarbeitern einen Umsatz von 3 Mrd. US-Dollar.

Tätigkeitsbeschreibung: Sie ist detailliert.

Herr Peters verantwortete die umfassende Betreuung der Kunden auf allen relevanten Entscheidungsebenen bis zur Geschäftsführung bzw. bis zum Vorstand und Aufsichtsrat. (... [*Siehe CD*]) So besitzt Herr Peters neben einem guten Wissen auf fast allen Gebieten der Informationstechnologie auch fundierte Branchenkenntnisse über Strategien, Prozesse und Lösungen im Umfeld von Banken und Industrieunternehmen.

Fachwissen: Es („fundierten und vielseitigen Fachkenntnisse") wird mit sehr gut bewertet.

Herr Peters überzeugte uns und unsere Kunden stets und in jeder Hinsicht durch seine fundierten und vielseitigen Fachkenntnisse und seine hervorragenden Managementqualifikationen. So übernahm er die Planung, Steuerung, Lenkung und das Management von größeren Projekten, die Projektkalkulation und das Controlling im Rahmen des Projekts. Ebenso garantierte er die Ermittlung der Entscheidungskriterien der Kunden bei konkreten Projekten und deren Umsetzung in technisch wie kaufmännisch innovativen konzeptionellen Lösungsvorschlägen. (... [*Siehe CD*])

Neben der fachlichen Führung von fest zugeordneten Systemberatern sowie projektspezifischen Consultants und dezidierten Vertriebsbeauftragten nahm Herr Peters die vollständige Kontrolle aller Accounts im Sinne der Steuerung aller kundenbezogenen Aktivitäten innerhalb der Matrix-Organisation wahr.

Besonders hervorheben möchten wir, dass Herr Peters die vorgegebenen Ziele und Teilziele in allen Geschäftsjahren übertroffen hat. Neben dem äußerst erfolgreichen Ausbau der Installationsbasis und des Projektgeschäfts bei Bestandskunden gelang es ihm, kontinuierlich strategisch wichtige neue Großkunden zu gewinnen. Außerdem wurden regelmäßig sehr hohe Margen erzielt, da Herr Peters über ausgefeilte Konzepte und Sales-Strategien und nicht über den Preis

verkauft hat. Auch im traditionellen Geschäft hat sich Herr Peters äußerst erfolgreich gegen den Marktführer behauptet und im Vorstand und Aufsichtsrat der Kunden ein politisches Gegengewicht zu IBM gebildet.
Seine außerordentlichen Erfolge erzielte Herr Peters auch durch die Sicherstellung einer äußerst konstruktiven Teamarbeit gepaart mit einer stark zielorientierten, strategischen Vorgehensweise und Teamführung. Herr Peters motivierte seine Teams stets in exzellenter Weise zu hervorragenden Leistungen und außerordentlicher Effektivität, wobei er selbst als Vorbild fungierte und agierte. Um seine versierte Organisations- und Planungskompetenz konzentriert einzusetzen, delegierte er Routineaufgaben stets effektiv.
Wir haben Herrn Peters als sehr engagierten, hoch motivierten und sehr belastbaren Mitarbeiter kennen gelernt, der sich auch jenseits der tariflichen Arbeitszeit für unser Unternehmen einsetzte. Er ist ein entscheidungsfreudiger, konsequenter und sehr kreativer Problemlöser, dessen Strategien, Konzepte und Vorschläge wir immer mit großem Erfolg in die Praxis umgesetzt haben. (... [*Siehe CD*]) Er war ein häufig und gern frequentierter Ansprechpartner. Die ihm übertragenen Aufgaben hat er Herr Peters stets zu unserer vollsten Zufriedenheit erfüllt.
Wir möchten betonen, dass Herr Peters stets die höchstmögliche Kundenzufriedenheit erlangte und die größtmögliche Qualität der Lösungen sicherstellte. Sein Verhalten zu Vorgesetzten, Mitarbeitern und Kunden war stets vorbildlich und loyal.
Leider verlässt Herr Peters unser Unternehmen mit dem heutigen Tag, um sich neuen Herausforderungen zu widmen. Wir bedauern diese Entscheidung außerordentlich und bedanken uns für seine geleisteten hervorragenden Dienste. Für seine berufliche wie private Zukunft wünschen wir ihm alles Gute und weiterhin viel Erfolg.

Leipzig, 31.10.2002 Dr. Dieter Fuchs

Personalchef

Leistungsbeurteilung: Sie liegt laut Kernsatz („...stets zu unser vollsten Zufriedenheit...") und dem dazugehörigen Kontext bei sehr gut.

Verhaltensbeurteilung: Sie wird laut Kernsatz („Sein Verhalten ... war stets vorbildlich und loyal. ") und dem Kontext mit sehr gut bewertet.

Schlussformel: Sie ist in Ordnung.

Fazit: Herr Peters wird mit sehr gut bewertet.

54 Service-Ingenieur

Einleitung: Der einleitende Satz ist in Ordnung.

Tätigkeitsbeschreibung: In Anbetracht der Tatsache, dass Herr Zander fünf Jahre im Unternehmen beschäftigt war, ist die Auflistung seiner Tätigkeiten zu knapp.

Fachwissen: Sein FW („verfügt über ein solides Fachwissen") wird mit befriedigend bewertet.

Leistungsbeurteilung: Sie liegt laut Kernsatz („unserer vollen Zufriedenheit") und dem Kontext bei befriedigend. Im Kernsatz fehlt der Zeitfaktor „stets". Mit dem Mittel des beredten Schweigens wird so zum Ausdruck gebracht, dass die attestierte „volle Zufriedenheit" nicht immer vorhanden war. Obendrein werden ihm relativ wenig Schlüsselkompetenzen zugewiesen: Belastbarkeit usw.

ZEUGNIS

Herr Johannes Zander, geb. am 14.05.1968 in Vissel, war vom 01.10 1996 bis zum 30.09.2001 in unserem Unternehmen als Service-Ingenieur beschäftigt.

Herr Zander war für folgende Aufgaben zuständig:

- Unterstützung des operativen Servicegeschäfts für Gesamtanlagen (Inbetriebnahme inklusive Schutz- und Leittechnikgeschäft im Teilbereich DES/Z),
- Mitwirkung an der wirtschaftlichen, funktionalen und kundenorientierten Abwicklung in den Geschäftsgebieten Montage und Inbetriebnahme von Gesamtanlagen inklusive Schutz- und Leittechnikanlagen und PLD,
- Unterstützung des operativen Geschäfts der obigen Geschäftsgebiete im Rahmen der innerbetrieblich festgelegten Geschäftsstrategien.

Herr Zander verfügt über ein solides Fachwissen, das er angemessen einsetzte. Durch sein Analysevermögen und Informationsmanagement gelang es ihm, sämtliche Prozesse in seinem Team zu steuern.

Seine vier Mitarbeiter motivierte und führte er zu guten Leistungen. Herr Zander hat die ihm übertragenen Aufgaben zu unserer vollen Zufriedenheit erfüllt.

Wir kennen Herrn Zander als höflichen und immer aufgeschlossenen Mitarbeiter. Für unsere Kunden war er wegen seiner ausgeprägten Kundenorientierung ein beliebter und häufig frequentierter Ansprechpartner. Herrn Zanders Verhalten zu Vorgesetzten, Mitarbeitern und Kunden war stets einwandfrei.

Verhaltensbeurteilung: Sie wird laut Kernsatz („ist stets einwandfrei.") und dem Kontext mit gut bewertet.

Herr Zander scheidet mit dem heutigen Tag aus unserem Unternehmen aus. Wir danken ihm für seine Arbeit und wünschen ihm für die Zukunft alles Gute.

Schlussformel: Die sogenannte Bedauernsformel fehlt, damit wird die Gesamtnote bestätigt.

Stuttgart, 30.09.2001 Klaus Chabowski

Personalreferent

Fazit: Herr Zander wird mit befriedigend plus bewertet.

55 Softewareingenieur

ZEUGNIS

Einleitung: Sie ist in Ordnung.

Herr Hans-Peter Rabe, geb. am 11.09.1958 in Zinhain, war vom 31.07.1989 bis zum 30.09.1993 in unserem Unternehmen als Softwareingenieur in unserer Abteilung Elektrokonstruktion beschäftigt.

Tätigkeitsbeschreibung: Herrn Rabes Tätigkeiten werden im Zeugnis detailliert beschrieben.

Herr Rabe war für folgende Aufgaben zuständig:

- Software-Entwicklung für Steuerungen von Sondermaschinen und Anlagen der Markiertechnik,
- Projektabwicklung inkl. Inbetriebnahme der Anlagen im Betrieb und direkt beim Kunden,
- Durchführung eines anspruchsvollen Großprojektes in der Automobilindustrie mit zweijähriger Dauer. Hier fungierte Herr Rabe als Projektleiter Steuerungstechnik und erledigte die folgenden Aufgaben:
- Erarbeitung der Spezifikation der Steuerung mit Kunden,
- fast ausschließlich selbstständige Neuprogrammierung und Test der Software der Maschine,
- Leitung und Durchführung der Inbetriebnahme vor Ort,
- Erstellung der Dokumentation für die Software.

Herr Rabe war für fünf Mitarbeiter verantwortlich.

Fachwissen: Sein FW („umfassende Fachkenntnisse") wird mit gut bewertet.

Herr Rabe verfügt über umfassende Fachkenntnisse der Programmiersprache, der Netzwerk-Administration und diverser Office-Applikationen. Zudem ist er mit den gängigen Projektmanagementtechniken und dem TQM-Know-how voll vertraut. Herr Rabe wendet seine Fachkenntnisse stets erfolgreich in der Praxis an.

Er verfügt über eine gute Organisations- und Planungskompetenz, weiß den Informationsfluss in seiner Projektgruppe gut zu managen und meistert auch Präsentationssituationen, etwa bei Ergebnisdokumentationen, mit fundierten rhetorischen Fähigkeiten. Er beherrscht zudem Englisch verhandlungssicher in Wort und Schrift.

Herr Rabe überzeugt durch sein gutes Analysevermögen und gute Problemfindungsfähigkeiten. Durch sein konzeptionelles, kreatives und logisches Denken fand er für alle auftretenden Probleme stets gute Lösungen.

Herr Rabe arbeitet sehr zielorientiert, zügig, motiviert, sorgfältig, absolut selbstständig und zuverlässig. Er ist flexibel, sehr belastbar, behält auch in Stresssituationen stets die Übersicht und ist immer offen für Neuerungen und Innovationen. Seine Mitarbeiter bzw. Projektteams führte Herr Rabe stets mit Übersicht und sehr solider Menschenkenntnis. Er motivierte seine Mitarbeiter zu hohen Leistungen, dabei delegierte er Routineaufgaben immer sinnvoll. Er hat die ihm übertragenen Aufgaben stets zu unserer vollen Zufriedenheit erfüllt.

Leistungsbeurteilung: Sie liegt laut Kernsatz („...stets zu unserer vollen Zufriedenheit...") und dem dazugehörigen Kontext bei gut.

In Teamstrukturen innerhalb und außerhalb des Unternehmens integriert sich Herr Rabe problemlos. Er ist kooperativ, kommunikativ und sehr kundenorientiert. Sein Verhalten gegenüber Vorgesetzten, Kollegen, Mitarbeitern und Kunden war stets einwandfrei.

Verhaltensbeurteilung: Sie wird laut Kernsatz („Sein Verhalten gegenüber ... war stets einwandfrei") und dem Kontext mit gut bewertet.

Herr Rabe verlässt unser Unternehmen mit dem heutigen Tag auf eigenen Wunsch. Wir bedauern diese Entscheidung sehr, danken ihm für die erfolgreiche Arbeit und wünschen ihm für seine Zukunft beruflich wie persönlich alles Gute.

Schlussformel: Sie ist in Ordnung.

30.09.1993 Karl-Heinz Herbert

Abteilungsleiter Elektrokonstruktion

Fazit: Herr Rabe wird mit gut bewertet.

56 Verkaufsleiter Export

Einleitung: Hier sind alle wichtigen Daten genannt

Tätigkeitsbeschreibung: Sie ist sehr ausführlich gehalten und listet sogar einzelne wichtige Erfolge von Herrn Beltran auf.

ZWISCHENZEUGNIS

Herr Manuel Beltran, geb. am 06.07.1974 in Lünen, ist seit dem 01.09.1998 in unserem Hause als Verkaufsleiter Export tätig.

In dieser Position ist Herr Beltran verantwortlich für

- die Akquisition von neuen Franchisepartnern für unsere Sportartikel-Tochtergesellschaft in ganz Europa,
- die Akquisition von neuen Händlern,
- die Betreuung unserer Generalimporteure und Händler in Europa, USA und Australien,
- die Planung und Umsetzung von Jahresbudgets,
- die Führung eines Teams von 15 Verkäufern in Deutschland und Europa,
- den Aufbau eines eigenen Vertriebsnetzes für Italien, Frankreich, England und Spanien, woraus wiederum in den nächsten 2 Jahren weitere 10-15 neue Franchise-Partnerverträge gewonnen werden.

Des Weiteren steht Herr Beltran in engem Kontakt mit unseren Produktmanagern, um ihnen mit seiner internationalen Erfahrung bei der Mitgestaltung von Produktneuheiten für den internationalen Markt unterstützend zur Seite zu stehen.

Bis heute verbuchte Herr Beltran zahlreiche Erfolge beim Aufbau unseres Unternehmens:

- Steigerung der Pre-order unserer Kunden um über 55% zum Vorjahr,
- zusammen mit seinem Team Umsatzsteigerung von 22% in der Saison 2000, trotz eines allgemeinen Rückganges in der gesamten Sportartikelbranche in Europa, mit voraussichtlicher weiterer Umsatzsteigerung von 25% in der Saison 2002,
- Akquisition von 35-40 neuen Franchisepartnern in Schweden, Finnland, Belgien und der Schweiz,
- Aufbau eines Vertriebsnetzes in Portugal, Griechenland und Ungarn mit einem erwarteten Umsatz von jeweils circa 1,5 Mio. EURO im ersten Jahr und der geplanten Gründung von 10-15 neuen Franchisestores in den nächsten zwei Jahren.

Herr Beltran verfügt über ein hervorragendes produkt- und verkaufsbezogenes Fachwissen, welches er kontinuierlich noch erweitert und außerdem sehr gekonnt und flexibel in der Praxis einsetzt. Durch seine jahrelangen Erfahrungen in der Logistikbranche kann Herr Beltran die von uns benötigten ausgefeilten Logistikkonzepte nicht nur entwickeln, sondern auch sehr erfolgreich umsetzen. Da in unserem Unternehmen zahlreiche Artikel und vier absolute Topmarken im Bekleidungsbereich vertrieben werden und diese zum Teil im obersten Preisbereich liegen, verfügt Herr Beltran zusätzlich über die nötige Erfahrung im Umgang mit erklärungs- und präsentationsbedürftigen Produkten.

Fachwissen: Es wird ebenfalls ausführlich gewürdigt und mit sehr gut gewürdigt.

Projekte managt Herr Beltran stets mit fundierter Organisations- und Planungskompetenz sowie effektiver Umsetzungsorientierung. Kreativität, hohe Kommunikationsfähigkeit, außerordentliches Verhandlungsgeschick und ein natürliches Verkaufstalent prägen Herrn Beltrans Arbeitsstil. Er verfolgt seine Tätigkeit mit hohem persönlichen Interesse und setzt sich über eine geregelte Arbeitszeit hinaus für unser Unternehmen ein. Belastbarkeit, Zielorientierung, Leistungsstärke und Verantwortungsbewusstsein sind für Herrn Beltran selbstverständlich.

Leistungseurteilung: Umfangreiche Kernkompetenzen und ein ausgezeichneter Kernsatz ergeben die Note sehr gut.

Sein Team führt er durch sein Vorbild an Tatkraft und einen kooperativen Führungsstil zu stets sehr guten Leistungen. Herr Beltran hat die selbst und von uns gesteckten, hohen Ziele nicht nur erfüllt, sondern sogar übertroffen. Wir sind mit seinen Leistungen stets und in jeder Hinsicht außerordentlich zufrieden.

Wir kennen Herrn Beltran als teamorientierten, höflichen und stets hilfsbereiten Mitarbeiter, der als Führungskraft auch das nötige Durchsetzungsvermögen zeigt. Sein Verhalten gegenüber Vorgesetzten, Kollegen und jeglichen dritten Personen ist stets einwandfrei.

Verhaltensbeurteilung: Hier wird ein Gut bis Sehr gut vergeben.

Dieses Zwischenzeugnis wird aufgrund eines Gesellschafterwechsels ausgestellt. Wir bedanken uns bei Herrn Beltran für seine bisherigen wertvollen Dienste und hoffen auf eine noch lange währende erfolgreiche Zusammenarbeit.

Schlussformel: Man dankt Herrn Beltran und hofft auf eine weitere Zusammenarbeit. Auch dies bedeutet die Note sehr gut.

Hamburg, den 01.10.2002 Erich Meinken

Geschäftsführender Gesellschafter

Fazit: Herr Beltran erhält ein sehr gutes Zwischenzeugnis, mit dem er sich bedenkenlos bewerben kann.

57 Verlagsobjektleiterin

ZEUGNIS

Einleitung: Hier werden alle wichtigen Daten genannt.

Frau Marion Kühne, geboren am 29.01.1963 in Bramsche, war vom 01.10.1996 bis zum 30.09.2002 in unserem Unternehmen als Verlagsobjektleiterin Wirtschaftsmagazine beschäftigt.

Tätigkeitsbeschreibung: Sie fällt sehr detailliert und richtig geordnet aus.

Diese Position beinhaltete die folgenden verschiedenen Tätigkeiten und weitreichende Verantwortlichkeiten:

- Verlagsobjektleitung für das wöchentliche Wirtschaftsmagazin „Superbörse" inklusive Objektergebnis,
- sämtliche unternehmerischen Maßnahmen für den Objekterfolg, insbesondere das Produktmarketing,
- Bericht an die Verlagsgeschäftsführung,
- Führung von 14 Mitarbeitern für Anzeigenverkauf, Produktmarketing, Online-Publishing und Verantwortung für die 25 Redakteure bzw. Mitarbeiter umfassende Superbörse-Redaktion,
- Zusammenarbeit mit und Steuerung der Chefredaktion für Produktkonzeption, Markenführung, Auflagenwachstum,
- strategische Angebotskonzeption und Preispolitik im Anzeigen- und Lesermarkt,
- Steuerung der Verlagsfachbereiche Vertrieb/Handel, Vertrieb/Abonnement, Werbeabteilung, PR/Kommunikation, Herstellung, Marktforschung und Anzeigenadministration bezüglich der operativen Objektmaßnahmen, dabei Koordination bzw. Führung von weiteren sechs objektzuständigen Mitarbeitern der Fachbereiche.

Fachwissen: Es wird mit seht gut benotet.

Unter Frau Kühnes Regie erzielte das Objekt Umsatzerlöse in Höhe von zuletzt 8 Mio. Euro aus Vertriebsumsatz und Anzeigen. Frau Kühne bewies in ihrer Position ein jederzeit verfügbares, tiefgehendes Fachwissen, das sie gekonnt in der Praxis einsetzte. Mit fundierter Marktkenntnis, ausgezeichneten Managementfähigkeiten und viel Übersicht führte sie das Projekt „Superbörse" schon im Jahr 1998 zum Erfolg. Dabei bewies sie eine äußerst schnelle Auffassungsgabe und ein hohes Maß an Flexibilität, um den Unwägbarkeiten einer Produktneueinführung effektiv zu begegnen. Mit großer Beharrlichkeit verfolgte Frau Kühne alle Teilziele und -projekte, war jederzeit über den Status Quo informiert und ergriff umgehend die richtigen Maßnahmen.

Aufgrund ihrer Kompetenz und großen Erfahrung konnte Frau Kühne die verschiedensten, an den Prozessen beteiligten Personen vereinen. Durch geschickte Verhandlungsführung, überzeugendes Auftreten und präzise Darstellung der Vorzüge des Objektes gelang es ihr kontinuierlich renommierte Anzeigenkunden zu gewinnen und zu halten. Mit sicherem Gespür für die Leserzielgruppe wählte sie die adäquaten Marketingmaßnahmen und wahrte die ständige Arbeit am Produkt inklusive Covergestaltung, Themenmischung und Heftausstattung.

Frau Kühne ist Neuem gegenüber stets aufgeschlossen und setzt vielversprechende Ideen, falls nötig auch gegen Wiederstände, konsequent zum Wohle des Unternehmens um. Dabei schließt sie ihre Mitarbeiter in die Entscheidungsvorgänge ein und schafft es so, eine leistungsfördernde, motivierende Arbeitsatmosphäre zu schaffen. Ihre Mitarbeiter motivierte sie zu gleichbleibend sehr guten Leistungen. Frau Kühne setzte sich mit Engagement kompromisslos für den Erfolg des Objektes ein und erfüllte alle Aufgaben stets sorgfältig und gleichwohl zügig zu unserer vollsten Zufriedenheit.

Wir kennen Frau Kühne als kommunikative, kontaktstarke und offene Mitarbeiterin, die jederzeit das volle Vertrauen ihrer Vorgesetzten und Mitarbeiter genoss. Sie war innerhalb wie außerhalb des Unternehmens eine angesehene und sehr geschätzte Ansprechpartnerin. Ihr Verhalten gegenüber Vorgesetzten, Mitarbeitern und Externen war jederzeit vorbildlich.

Zu unserem großem Bedauern hat die Verlagsleitung beschlossen, das Projekt „Superbörse“ zum 30.09.2002 aufgrund des seit letztem Jahr extrem schwierigen Marktumfeldes einzustellen und das Arbeitsverhältnis mit Frau Kühne betriebsbedingt zu beenden. Wir danken Frau Kühne für ihre hervorragende Aufbauarbeit und wünschen ihr für ihre Zukunft beruflich wie privat alles Gute und weiterhin viel Erfolg.

München, den 30.09.2002 Xaver Sauerborn

Leiter Personal

Leistungsbeurteilung: Gepaart mit zahlreichen positiven Kernkompetenzen reflektiert der Kernsatz die Note sehr gut.

Verhaltensbeurteilung: Frau Kühnes Verhalten wird ebenfalls mit sehr gut benotet.

Schlussformel: Sie erklärt das Ende von Frau Kühnes Arbeitsverhältnis. So wird ein bitterer Nachgeschmack bzw. der eventuelle Zweifel am Grund der Kündigung minimiert.

Fazit: Frau Kühne erhält ein hervorragendes Zeugnis, das allerdings und natürlich die wirtschaftlichen Umstände und die daraus resultierende Kündigung nicht verhehlen kann.

58 Vertriebsleiter

Einleitung: Der einleitende Satz ist in Ordnung.

Tätigkeitsbeschreibung: Herrn Celans Tätigkeiten werden im Zeugnis ausreichend detailliert beschrieben, deshalb entstehen ihm keine Karrierenachteile.

Fachwissen: Es („sehr fundiertes Fachwissen") wird mit sehr gut bewertet.

ZEUGNIS

Herr Peter Celan, geb. am 21.11.1955 in Bad Marienberg, war vom 01.8.1995 bis zum 31.07.1999 in unserem Unternehmen als Vertriebsleiter für Rasenmäher beschäftigt.

Herr Celan war für folgende Aufgaben verantwortlich:

- Akquisition neuer Kunden,
- Betreuung der Kunden einschließlich der erforderlichen Projekt- und Auftragsabwicklung,
- Erarbeiten technischer Konzepte gemeinsam mit den Kunden,
- Umsetzen der Konzepte mit allen technischen und kaufmännischen Beschreibungen einschließlich der Preisgestaltung,
- Durchführung von Verkaufstagungen, Präsentationen und Schulungen.

Herr Celan übernahm die Personalverantwortung für 16 Mitarbeiter.

Herr Celan verfügt über ein sehr fundiertes Fachwissen, das er gezielt in der Praxis einsetzt, und eine hervorragende Marktkenntnis. Sehr großen Wert legte Herr Celan auf den Neuaufbau, die Pflege und den Ausbau von Kundenkontakten. Die Betreuung unserer Schlüsselkunden und Großprojekte übernahm er stets persönlich.

Er behielt stets die aktuellen Entwicklungen des Marktes im Auge und zögerte nicht, die Initiative zur Einleitung der notwendigen Veränderungen zu ergreifen. Auf diese Weise stellte er sicher, dass unsere Rasenmäher-Produktstrategie den Gegebenheiten des Marktes stets optimal angepasst war.

In Verbindung mit seiner fundierten Ausbildung ermöglichten ihm sein hohes Leistungsvermögen und seine Erfolgsorientierung, sich zügig und flexibel in sein komplexes Aufgabengebiet einzuarbeiten und seine Aufgaben optimal wahrzunehmen. Herr Celan ist äußerst belastbar und bewahrt auch in schwierigen Situationen jederzeit einen klaren Kopf.

Herr Celan besitzt neben seiner natürlichen Autorität die Fähigkeit, seine Mitarbeiter richtig einzuschätzen und durch eine fach- und personenbezogene Führung stets zu sehr guten Leistungen zu führen und zu motivieren. Das Verhältnis zu seinen Mitarbeitern war durch gegenseitige Wertschätzung und gegenseitiges Vertrauen geprägt. Herr Celan förderte jederzeit aktiv die Zusammenarbeit. Wir waren mit seinen Leistungen stets und in jeder Hinsicht außerordentlich zufrieden.

Leistungsbeurteilung: Sie liegt laut Kernsatz („Leistungen stets und in jeder Hinsicht außerordentlich zufrieden.") und dem Kontext bei sehr gut.

Gegenüber Vorgesetzten, Mitarbeitern und Kunden verhielt sich Herr Celan stets vorbildlich, er war ein allseits beliebter und häufig frequentierter, kompetenter und zuvorkommender Ansprechpartner. Er verstand es, Durchsetzungsvermögen mit dem richtigen Maß an Diplomatie zu verbinden. Dabei erwies er sich stets als loyal gegenüber dem Unternehmen.

Verhaltensbeurteilung: Sie liegt laut Kernsatz („Gegenüber Vorgesetzten ... stets vorbildlich") und dem Kontext bei sehr gut.

Herr Celan verlässt unser Unternehmen am 31.07.1999 auf eigenen Wunsch.
Wir bedauern seine Entscheidung sehr, weil wir mit ihm einen wertvollen Mitarbeiter verlieren. Wir bedanken uns bei ihm für seine wertvollen Dienste und wünschen ihm beruflich wie privat alles Gute und weiterhin viel Erfolg.

Schlussformel: Sie ist in Ordnung, damit wird die Gesamtbewertung des Zeugnisses bestätigt.

Köln, 31.07.1999 Jürgen Adams

Geschäftsführer

Fazit: Herr Celan wird mit sehr gut bewertet.

59 Vorstand Vertrieb/Personal; Gründungsgesellschafter

ZEUGNIS

Einleitung: Gleich in der Einleitung wird die hohe Position von Herrn Kramer dokumentiert.

Herr Frank Kramer, geboren am 30.04.1968 in Berlin, war vom 01.09.2000 bis zum 30.08.2002 als Vorstand für die Ressorts Vertrieb und Personal und einer von zwei Gründungsgesellschaftern der am 01.09.2000 gegründeten maximum-power.de Aktiengesellschaft tätig.

Tätigkeitsbeschreibung: Sie lässt durch ihre Detaillierung keinen Zweifel an Herrn Kramers Kompetenz und Verantwortung.

Herr Kramer widmete sich intensiv dem Aufbau einer tragfähigen Vertriebsstruktur für das Unternehmen. Hierzu wählte er vor allem den Weg des Direktvertriebs mit Fokus auf mittelständische Unternehmen. Parallel organisierte er, hauptsächlich über Personalberater, die Suche und Auswahl unseres kompetenten Mitarbeiterteams.

Sowohl bei der Auswahl als auch bei der Führung der Mitarbeiter bewies Herr Kramer eine glückliche Hand, wodurch heute die Arbeitsatmosphäre im Unternehmen durch Offenheit, Kooperativität, Kreativität und Leistungsstärke geprägt ist.

Besonderen Wert legte Herr Kramer auf die Schulung und Weiterbildung der Vertriebsmitarbeiter, indem er diesen Bereich teilweise persönlich übernahm.

Fachwissen: Obwohl auf das Fachwissen nur kurz eingegangen wird, kann man es mindestens im Bereich von gut ansiedeln.

Herr Kramer ist sehr kompetent, besitzt fundierte Marktkenntnisse und überzeugte uns stets durch seine innovativen Ideen und Strategien.

Hervorzuheben ist, dass das Unternehmen bereits 1,5 Jahre nach seiner Gründung den Break-Even in einem aktuell äußerst schwierigen wirtschaftlichen Umfeld erreicht hat. Dies dokumentiert nicht nur Herrn Kramers Gespür für erfolgreiche Geschäftsideen, sondern auch seine Fähigkeit zur soliden Aufbauarbeit.

Verhaltensbeurteilung: Herrn Kramers Verhalten ist über fast jeden Zweifel erhaben – gut bis sehr gut.

Dynamik, Tatkraft und konsequentes Handeln prägten Herrn Kramers Arbeitsstil. Er war als Führungskraft jederzeit anerkannt und respektiert. Bei unseren Kunden war er wegen seiner Fähigkeiten zur klaren Vermittlung unseres Kernproduktes und den damit verbundenen Wettbewerbsvorteilen ein sehr beliebter Ansprechpartner. Der Aufsichtsrat schätzte besonders seine effektiven Managementfähigkeiten.

Als sehr kommunikativer, äußerst kontaktstarker und hochflexibler Manager verfügt Herr Kramer über eine äußerst schnelle Auffassungsgabe und fand mit präzisem Analysevermögen sowie Geschick sehr gute Lösungen, die er stets gewinnbringend umsetzte. Er trat jederzeit verbindlich und offen auf, wodurch er unser Unternehmen als Gründer und Vorstand hervorragend repräsentierte. In Präsentationen überzeugte er durch eine klare Strukturierung und versierte Rhetorik Kunden und Investoren nachhaltig.

Leistungsbeurteilung: Die Leistungsbeurteilung wird durch ein geeignetes Portfolio an Kernkompetenzen angereichert und liegt bei sehr gut minus.

Wir waren daher mit Herrn Kramers Leistungen stets sehr zufrieden. Sein Verhalten gegenüber dem Aufsichtsrat, seinen Vorstandskollegen, seinen Mitarbeitern sowie unseren Kunden war stets einwandfrei.

Leider verlässt Herr Kramer unser Unternehmen auf eigenen Wunsch, um sich einer neuen Aufbauarbeit und der damit verbundenen Herausforderung zu widmen. Parallel dazu verkaufte er seine Aktienanteile komplett. Das Unternehmen befindet sich aktuell in einer sehr guten Marktposition und auf solidem Wachstumskurs, weshalb wir Herrn Kramers Entschluss umso mehr bedauern. Gleichwohl bedanken wir uns für seine geleistete hervorragende Aufbauarbeit und wünschen ihm für die Zukunft alles Gute und weiterhin viel Erfolg. Falls erforderlich und möglich, würden wir jederzeit auf ihn als externen Berater zurückgreifen.

Schlussformel: Hier wird noch einmal sehr deutlich die gute Situation des Unternehmens erläutert, so dass der freiwillige Weggang von Herrn Kramer noch einmal untermauert wird.

Hamburg, den 30.08.2002 Graf Hubertus von Lippe

Vorsitzender des Aufsichtsrates

Fazit: Herr Kramer erhält ein ausgezeichnetes Zeugnis. Die Gründe seines Weggangs scheinen persönlicher Natur zu sein und nicht mit einer eventuell schlechten Situation des Unternehmens zusammenzuhängen.

60 Vorstandsvorsitzender

ZEUGNIS

Einleitung: Der einleitende Satz ist in Ordnung.

Herr Michael Itter, geb. am 12.11.1959 in Würzburg, war vom 1.8.1990 bis zum 30.6.1997 für die Bellers Aktiengesellschaft als Vorstandsvorsitzender tätig.

Tätigkeitsbeschreibung: Herrn Itters Tätigkeiten werden im Zeugnis detailliert beschrieben, ihm entstehen daraus keine Karrierenachteile.

Herr Itter war für folgende Aufgaben zuständig:

Entwicklung der Gesellschaft:

- Vorbereitung von Kapitalerhöhungen,
- Akquisition von neuen Aktionären und zusätzlichem Grundkapital für die Gesellschaft,
- Betreuung von Aktionären,
- Controlling,
- Akquisition von Unternehmensbeteiligungsgesellschaften,
- Vorbereitung und Durchführung von Hauptversammlungen,
- Vorbereitung, Durchführung und Prüfung der Jahresabschlussarbeiten.

Personalwesen:

Herr Itter sorgte für die Suche, Einstellung, Motivation, Einarbeitung, Ausbildung, Schulung und Führung der bis zu 35 Mitarbeiter im Unternehmen.

Objektverkauf/Vertrieb:

- Vertriebsverantwortung für Westgrund und Westprojekt,
- Erarbeitung von Vertriebsstrategien durch Marketing-, Werbe- und Image- sowie Pressekampagnen,
- Notarielle Abwicklung von Verkaufsverträgen.

Fachwissen: Sein Fachwissen ("vielseitiges Fachwissen") wird mit gut bewertet.

Herr Itter verfügt über ein vielseitiges Fachwissen, das er mit einer guten Branchenkenntnis zu kombinieren wusste. Er handelte stets mit großer Über- bzw. Weitsicht sowie Innovationsorientierung, konnte seine Visionen stets zum Wohle des Unternehmens in die Tat umsetzen und dabei den Aufsichtsrat überzeugen. Herr Itter war den Mitarbeitern des Unternehmens ein Vorbild an Tatkraft und Dynamik, Motivation, Zielorientierung und Durchsetzungsvermögen. In Verhandlungen mit Geschäftspartnern und Banken bewies er ein ebenso beachtliches Fingerspitzengefühl und Geschick wie in der Auswahl der zu akquirierenden Objekte.

Herr Itter beherrschte Präsentationssituationen sehr gut, indem er sämtliche Daten, Fakten und Zusammenhänge für alle Beteiligten rhetorisch klar, strukturiert und sehr gut visualisiert darlegte. Auch in Konferenzen mit dem Aufsichtsrat bewies er seine Fähigkeit zum logischen und konzeptionellen Denken. Für alle im Prozess der Unternehmensgestaltung notwendigerweise auftretenden Hindernisse und Probleme hatte Herr Itter immer innovative und vor allem praktikable Lösungen parat, welche wir jeweils mit dem Ergebnis einer deutlichen Effizienz und Effektivitätssteigerung des Unternehmens in die Tat umsetzen ließen.

Herr Itter arbeitete stets sehr zügig, präzise, sorgfältig, kompetent und somit äußerst erfolgreich. Er ist außerordentlich belastbar und absolut vertrauenswürdig. Auch in schwierigen Situationen behielt Herr Itter stets die Übersicht und einen klaren Kopf und konnte auf sein hoch entwickeltes Analysevermögen zurückgreifen. Er agierte sowohl im Team als auch selbstständig absolut zuverlässig. Wir waren mit seinen Leistungen sowohl als Geschäftsführer als auch als Mitglied des Vorstands und als Berater des Unternehmens stets außerordentlich zufrieden.

Leistungsbeurteilung: Sie liegt laut Kernsatz („...stets außerordentlich zufrieden") und dem Kontext bei sehr gut.

Herr Itter ist sehr kontaktstark und offen im Umgang mit Aufsichtsrat, Geschäftspartnern, Mitarbeitern und Kunden. Dabei tritt er immer mit ausgesuchter Höflichkeit auf. Der Aufsichtsrat brachte Herrn Itter stets absolutes Vertrauen und größten Respekt entgegen. Bei seinen Mitarbeitern war Herr Itter vor allem wegen seines kooperativen und dabei stets zielorientieren Führungsstils beliebt. Für die Geschäftspartner und Kunden des Unternehmens war er ein häufig und sehr gern frequentierter, kompetenter Ansprechpartner. Herrn Itters Verhalten gegenüber dem Aufsichtsrat, den Mitarbeitern, Geschäftspartnern und Kunden war stets vorbildlich.

Verhaltensbeurteilung: Sie liegt laut Kernsatz („Verhalten gegenüber ... war stets vorbildlich.") und dem Kontext bei sehr gut.

Herr Itter scheidet aus eigenem Wunsch aus unserem Unternehmen zum 30.6.1997 aus. Wir bedauern seine Entscheidung außerordentlich und danken ihm für seine sehr erfolgreichen und stets loyalen Dienste. Für seine Zukunft wünschen wir ihm beruflich wie privat alles Gute und weiterhin viel Erfolg.

Schlussformel: Sie ist in Ordnung, sie bewertet Herrn Itter mit sehr gut.

Berlin, 30.06.1997 Herr Dr. Bäcker

Aufsichtsrat

Fazit: Herr Itter wird mit sehr gut minus bewertet.

Abkürzungsverzeichnis

Abs.	Absatz
AP	Arbeitsrechtliche Praxis, Entscheidungssammlung des Bundesarbeitsgerichts
BAG	Bundesarbeitsgericht
BBiG	Berufsbildungsgesetzt
BGB	Bürgerliches Gesetzbuch
BGH	Bundesgerichtshof
DB	Zeitschrift: Der Betrieb
EzA	Entscheidungssammlung zum Arbeitsrecht
GewO	Gewerbeordnung
HGB	Handelsgesetzbuch
KSchG	Kündigungsschutzgesetz
LAG	Landesgericht
LAGE	Entscheidungssammlung der Landarbeitsgerichte
NZA	Neue Zeitschrift für Arbeitsrec ht
NZA-RR	NZA Rechtsprechungsreport Arbeitsrecht
OLG	Oberlandesgericht
OLGR	Rechtsprechungsreport des Oberlandesgerichts
ZfPR	Zeitschrift für Personalvertretungsrecht
ZPO	Zivilprozessordnung

Stichwortverzeichnis